PROJETO ÁPIS

EDUCAÇÃO INFANTIL

DANTE E NOEMI

MATEMÁTICA

DE ACORDO COM A BNCC

LUIZ ROBERTO DANTE

- LIVRE-DOCENTE EM EDUCAÇÃO MATEMÁTICA PELA UNIVERSIDADE ESTADUAL PAULISTA "JÚLIO DE MESQUITA FILHO" (UNESP-SP), *CAMPUS* DE RIO CLARO
- DOUTOR EM PSICOLOGIA DA EDUCAÇÃO: ENSINO DA MATEMÁTICA PELA PONTIFÍCIA UNIVERSIDADE CATÓLICA DE SÃO PAULO (PUC-SP)
- MESTRE EM MATEMÁTICA PELA UNIVERSIDADE DE SÃO PAULO (USP)
- LICENCIADO EM MATEMÁTICA PELA UNESP-SP, RIO CLARO
- PESQUISADOR EM ENSINO E APRENDIZAGEM DA MATEMÁTICA PELA UNESP-SP, RIO CLARO
- EX-PROFESSOR DO ENSINO FUNDAMENTAL E DO ENSINO MÉDIO NA REDE PÚBLICA DE ENSINO
- AUTOR DE LIVROS PARA A EDUCAÇÃO BÁSICA

NOEMI BIANCHINI

- DOUTORA EM SOCIOLOGIA DA EDUCAÇÃO PELO PROGRAMA EDUCAÇÃO, HISTÓRIA, POLÍTICA E SOCIEDADE DA PONTIFÍCIA UNIVERSIDADE CATÓLICA DE SÃO PAULO (PUC-SP)
- MESTRA EM EDUCAÇÃO ESCOLAR PELA UNIVERSIDADE ESTADUAL PAULISTA "JÚLIO DE MESQUITA FILHO" (UNESP-SP), *CAMPUS* DE ARARAQUARA
- PÓS-GRADUADA EM TEORIA E CRÍTICA LITERÁRIA PELA UNESP-SP, ARARAQUARA
- LICENCIADA EM LETRAS E PEDAGOGIA PELA FACULDADE DE FILOSOFIA, CIÊNCIAS E LETRAS DE ARARAS (FFCLA)
- EXPERIÊNCIA COMO SUPERVISORA E COORDENADORA DE CONTEÚDOS PARA CURSOS DE FORMAÇÃO DE PROFESSORES
- EX-PROFESSORA DOS CURSOS DE GRADUAÇÃO E PÓS-GRADUAÇÃO NAS ÁREAS DE CURRÍCULO, LEGISLAÇÃO, GESTÃO E ALFABETIZAÇÃO
- EX-PROFESSORA DO ENSINO FUNDAMENTAL E DO ENSINO MÉDIO NAS REDES PÚBLICA E PARTICULAR DE ENSINO

1

editora ática

editora ática

Presidência: Mario Ghio Júnior
Direção editorial: Lidiane Vivaldini Olo
Gerência editorial: Viviane Carpegiani
Gestão de área: Ronaldo Rocha
Edição: Luana Fernandes de Souza (edit.) e Darlene Fernandes Escribano (assist.)
Planejamento e controle de produção: Flávio Matuguma, Juliana Batista, Felipe Nogueira e Juliana Gonçalves
Revisão: Kátia Scaff Marques (coord.), Brenda T. M. Morais, Claudia Virgilio, Daniela Lima, Malvina Tomáz e Ricardo Miyake
Arte: André Gomes Vitale (ger.), Catherine Saori Ishihara (coord.), Andréa Dellamagna e Kleber de Messas (edição de arte)
Diagramação: R2 Design
Iconografia e tratamento de imagem: André Gomes Vitale (ger.), Claudia Bertolazzi e Denise Durand Kremer (coord.), Iron Montovanello (pesquisa iconográfica), Fernanda Crevin (tratamento de imagens)
Licenciamento de conteúdos de terceiros: Roberta Bento (ger.), Jenis Oh (coord.), Liliane Rodrigues, Flávia Zambon e Raísa Maris Reina (analistas de licenciamento)
Ilustração: Biry Sarkis
Cartografia: Eric Fuzii (coord.) e Robson Rosendo da Rocha
Design: Erik Taketa (coord.) e Talita Guedes (proj. gráfico e capa)
Projeto gráfico: Estúdio Apis Design
Ilustração de capa: Barlavento Estúdio Criativo

Avenida Paulista, 901, 6º andar – Bela Vista
São Paulo – SP – CEP 01310-200
http://www.somoseducacao.com.br

Dados Internacionais de Catalogação na Publicação (CIP)

Dante, Luiz Roberto
Projeto Ápis : Educação infantil : Matemática : volume 1 ao 3 / Luiz Roberto Dante, Noemi Bianchini. -- 2. ed. -- São Paulo : Ática, 2020.
(Projeto Ápis ; vol. 1 ao 3)

Bibliografia

1. Educação infantil 2. Matemática - Educação infantil I. Título II. Bianchini, Noemi III. Série

20-1428 CDD 372

Angélica Ilacqua - Bibliotecária - CRB-8/7057

2020
Código da obra CL 750423
CAE 721313 (AL) / 721314 (PR)
ISBN 9788508195848 (AL)
ISBN 9788508195855 (PR)
2ª edição
1ª impressão
De acordo com a BNCC.

Impressão e acabamento EGB Editora Gráfica Bernardi Ltda

Uma publicação SOMOS EDUCAÇÃO

Biry Sarkis/Arquivo da editora

A COLEÇÃO **ÁPIS EDUCAÇÃO INFANTIL** CHEGA ATÉ VOCÊ TRAZENDO MUITO APRENDIZADO!
COM UMA LINGUAGEM SIMPLES E ATRAENTE, OS CONTEÚDOS ACOMPANHAM SUA EVOLUÇÃO E SEU DESENVOLVIMENTO.
COMPARTILHE, APRENDA E DIVIRTA-SE!

DANTE E NOEMI

CONHEÇA SEU LIVRO

ESTA É A **TURMA DO GUI**, QUE VAI ACOMPANHAR VOCÊ DURANTE O ANO TODO.

GUI RAFAEL CLARA BIA IVO

Ilustrações: Biry Sarkis/Arquivo da editora

MATERIAL DE APOIO

SEMPRE QUE VOCÊ ENCONTRAR ESTE ÍCONE SIGNIFICA QUE **HÁ PEÇAS E FIGURAS A SEREM DESTACADAS** NO FINAL DO LIVRO.

SUGESTÃO DE...

TODA VEZ QUE APARECER O BOXE **SUGESTÃO DE...** VOCÊ VAI ENCONTRAR INDICAÇÕES DE MATERIAIS QUE COMPLEMENTAM OS TEMAS TRABALHADOS NO LIVRO, AMPLIANDO SEU APRENDIZADO!

- ESTAS SÃO AS SEÇÕES DE SEU LIVRO:

AS **ABERTURAS DE UNIDADE** INTRODUZEM O TEMA.

NA SEÇÃO **HORA DO JOGO E DA BRINCADEIRA**, VOCÊ RETOMA OS CONCEITOS TRABALHADOS COM ATIVIDADES LÚDICAS E JOGOS QUE TORNAM SEU APRENDIZADO MUITO MAIS DIVERTIDO!

A SEÇÃO **VAMOS CRIAR?** DESAFIA VOCÊ A USAR A IMAGINAÇÃO E A CRIATIVIDADE PARA PENSAR SOLUÇÕES, PRODUZIR E APRENDER MUITO!

SUMÁRIO

UNIDADE 1

UNIDADE 2

SUMÁRIO

UNIDADE 3

NATUREZA E CORES 75

UNIDADE 4

MUITA DIVERSÃO.... 107

MATERIAL DE APOIO

Biry Sarkis/Arquivo da editora

UNIDADE 1

FAMÍLIA E AMIGOS

Biry Sarkis/Arquivo da editora

O QUE FAZ AS PESSOAS SEREM DIFERENTES?

PESSOAS DA FAMÍLIA DE CLARA

VEJA, NESTA IMAGEM, CLARA E AS PESSOAS QUE MORAM COM ELA: A MÃE, O PAI, O IRMÃO E A AVÓ.

Biry Sarkis/Arquivo da editora

- MARQUE ✕ NA PESSOA MAIS ALTA.
- MARQUE ○ NA PESSOA MAIS BAIXA.
- MARQUE || EM CADA UMA DAS DUAS PESSOAS COM A MESMA ALTURA.

MAIS PESSOAS DA FAMÍLIA DE CLARA

CLARA FOI À FESTA DE ANIVERSÁRIO DOS PRIMOS.
ELA ESTÁ ENCHENDO UM BALÃO PARA A FESTA.

Biry Sarkis/Arquivo da editora

- O QUE ACONTECEU ANTES? MARQUE ✕.
- O QUE ACONTECEU DURANTE? MARQUE ●.
- O QUE ACONTECEU DEPOIS? MARQUE ○.

A CASA DE GUI E A CASA DE BIA

OBSERVE AS CASAS DESENHADAS ABAIXO.

Maria Sem/Shutterstock

A CASA DE GUI É A MAIS BAIXA.

- MARQUE ✕ NA CASA DE GUI.

A CASA DE BIA É A MAIS ALTA.

- MARQUE ○ NA CASA DE BIA.

CORES

VEJA ALGUNS AMIGOS DE GUI QUE FORAM AO ANIVERSÁRIO DELE.
OBSERVE A COR DA CAMISETA DE CADA UM DELES.

Biry Sarkis/Arquivo da editora

- CONTORNE NA IMAGEM:

DE OS QUE ESTÃO DE CAMISETA **AZUL**.
DE OS QUE ESTÃO DE CAMISETA **VERMELHA**.
DE OS QUE ESTÃO DE CAMISETA **AMARELA**.

VAMOS PINTAR?

NA FESTA DE ANIVERSÁRIO DE GUI, TINHA MUITO SORVETE!

OBSERVE ESTES DOIS GRUPOS DE PICOLÉS.

Biry Sarkis/Arquivo da editora

- EM CADA GRUPO, OS PICOLÉS DEVEM TER A MESMA COR. PINTE CORRETAMENTE OS PICOLÉS QUE ESTÃO SEM PINTAR.

FORMATOS

NA FESTA DE GUI, TAMBÉM TINHA BALÕES DE VÁRIOS FORMATOS.

Biry Sarkis/Arquivo da editora

- CONTORNE OS GRUPOS DE BALÕES QUE TÊM O MESMO FORMATO. USE UMA COR DIFERENTE DE LÁPIS PARA CADA GRUPO.

VAMOS COLAR?

MATERIAL DE APOIO

GUI GANHOU MUITOS BRINQUEDOS NO ANIVERSÁRIO DELE.

SIGA AS ORIENTAÇÕES ABAIXO ANTES DE COLAR AS IMAGENS DOS BRINQUEDOS QUE ELE GANHOU.

DESTAQUE AS IMAGENS DA **PÁGINA 3**.

- SEPARE COMO QUISER CADA IMAGEM NOS ESPAÇOS DO CONTORNO **VERDE** OU DO CONTORNO **AZUL**.
- EXPLIQUE COMO VOCÊ PENSOU PARA SEPARAR AS IMAGENS ANTES DE COLAR.

Biry Sarkis/Arquivo da editora

LIVRO: UM ÓTIMO PRESENTE

ALÉM DE BRINQUEDOS, GUI GANHOU LIVROS NO ANIVERSÁRIO DELE.

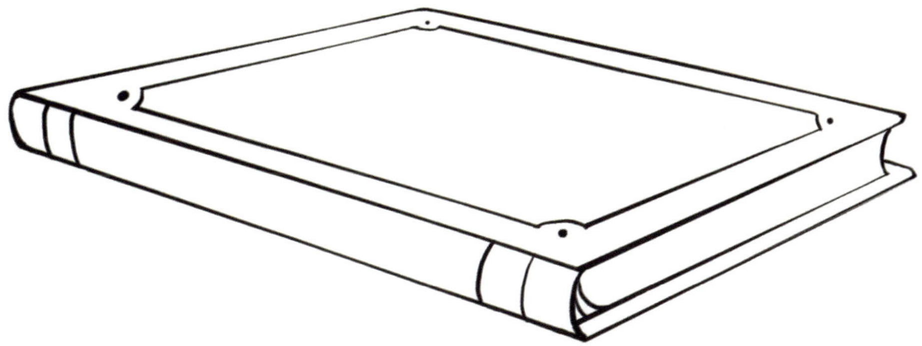

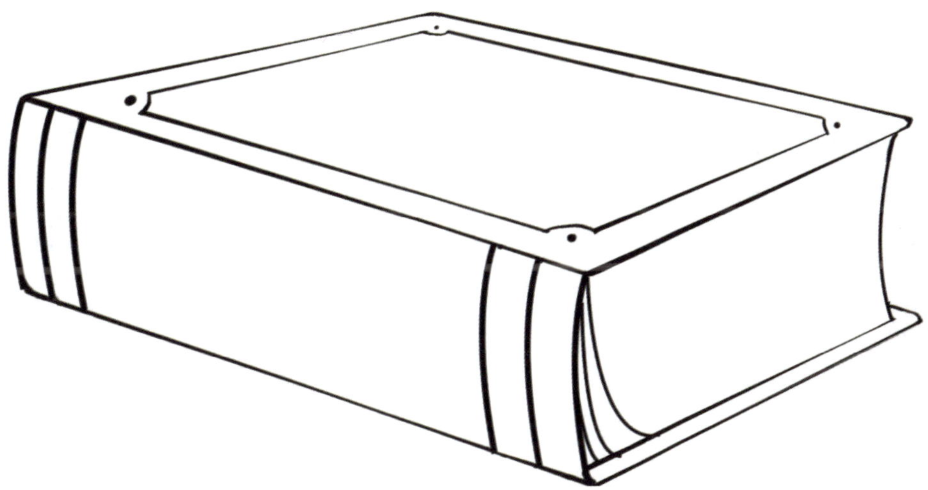

Biry Sarkis/Arquivo da editora

- PINTE O LIVRO MAIS GROSSO DE **AMARELO**.
- CONTORNE O LIVRO MAIS FINO DE **AZUL**.

A QUANTIDADE UM (1)

VEJA ALGUNS AMIGOS DE GUI.

Ilustrações: Biry Sarkis/Arquivo da editora

- MARQUE ✕ NAS IMAGENS EM QUE APARECE SOMENTE **1** CRIANÇA.

CONTANDO VELINHAS

AGORA, É O PRIMO DE GUI QUE ESTÁ FAZENDO ANIVERSÁRIO.

1

Ilustrações: Biry Sarkis/ Arquivo da editora

1 2 3 4 5 6 7 8 9 10

- QUANTOS ANOS O ANIVERSARIANTE ESTÁ FAZENDO? MOSTRE COM OS DEDOS.
- PINTE O NÚMERO **1** COM GIZ DE CERA.

1 UM

O PRIMO DE RAFAEL GOSTA DE DESENHAR. VEJA OS DESENHOS QUE ELE FEZ.

- CUBRA CADA NÚMERO **1** SEGUINDO AS SETAS. DEPOIS, VERIFIQUE QUE HÁ APENAS UM ELEMENTO AO LADO DE CADA NÚMERO QUE VOCÊ COBRIU.

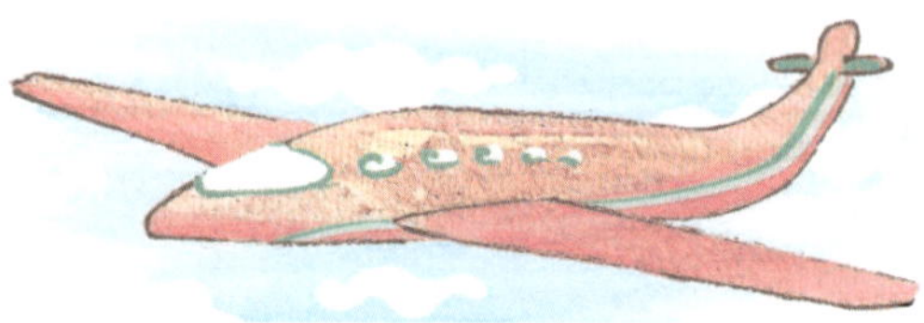

- DESENHE **1** BARCO. EM SEGUIDA, PINTE O DESENHO BEM COLORIDO.

A QUANTIDADE DOIS (2)

RAFAEL GOSTA MUITO DE PEIXES.

Ilustrações: Biry Sarkis/Arquivo da editora

• MARQUE ✕ NOS GRUPOS QUE TÊM **2** PEIXES.

CONTANDO VELINHAS

AGORA, QUEM ESTÁ FAZENDO ANIVERSÁRIO É O VIZINHO DE RAFAEL E CLARA.

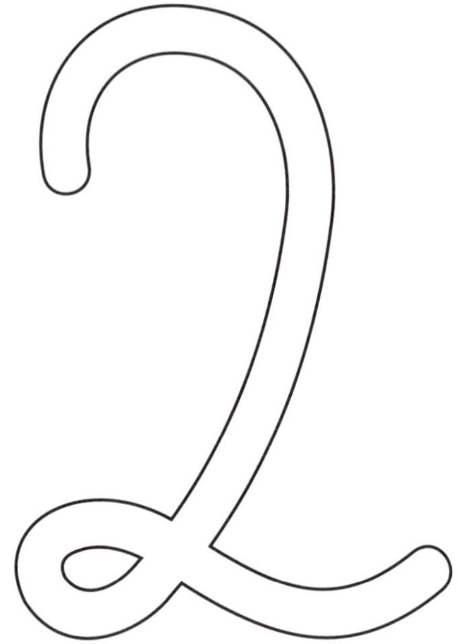

Ilustrações: Biry Sarkis/ Arquivo da editora

1 2 3 4 5 6 7 8 9 10

- QUANTOS ANOS ELE ESTÁ FAZENDO? MOSTRE COM OS DEDOS.
- CUBRA O NÚMERO **2** COM PINTURA A DEDO.

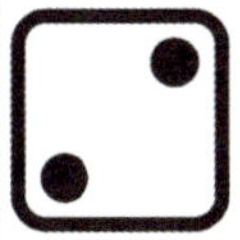

teenbull/Shutterstock

2 DOIS

BIA SEMPRE ESCOVA OS DENTES DEPOIS DE COMER DOCES.

- CUBRA CADA NÚMERO **2** SEGUINDO AS SETAS. DEPOIS, CONTE OS ELEMENTOS AO LADO DE CADA NÚMERO QUE VOCÊ COBRIU.

Ilustrações: Biry Sarkis/ Arquivo da editora

- DESENHE NO ESPAÇO ABAIXO **2** DOCES DE QUE VOCÊ GOSTA. DEPOIS, PINTE O DESENHO QUE VOCÊ FEZ.

CADA PASSARINHO NO SEU NINHO

HÁ MUITOS PASSARINHOS NAS ÁRVORES DO JARDIM DA CASA DE RAFAEL.

Ilustrações: Biry Sarkis/ Arquivo da editora

- LIGUE O PASSARINHO **VERMELHO** AO NINHO QUE NÃO TEM NENHUM OVO.
- LIGUE O PASSARINHO **AMARELO** AO NINHO QUE TEM 1 OVO.
- LIGUE O PASSARINHO **AZUL** AO NINHO QUE TEM MAIS DE 1 OVO.
- SE DE CADA OVO DESSES NASCER UM FILHOTE, DE QUE COR SERÁ O PASSARINHO QUE VAI TER MAIS FILHOTES?

A QUANTIDADE TRÊS (3)

NA CASA DE BIA, HÁ UM JARDIM COM MUITOS TIPOS DE FLOR.

Ilustrações: Biry Sarkis/Arquivo da editora
Fundo: Mika Besfamilnaya/Shutterstock

• MARQUE ✕ NOS GRUPOS QUE TÊM **3** FLORES.

CONTANDO VELINHAS

O ANIVERSÁRIO DESTA VEZ É DE UM AMIGO DE IVO, CLARA E GUI.

3

Ilustrações: Biry Sarkis/ Arquivo da editora

1 2 3 4 5 6 7 8 9 10

- QUANTOS ANOS O ANIVERSARIANTE ESTÁ FAZENDO? MOSTRE COM OS DEDOS.
- PINTE O NÚMERO **3** COM LÁPIS DE COR.

teenbull/Shutterstock

3 TRÊS

A MÃE DE IVO SEMPRE COMPRA MUITAS FRUTAS. VEJA ALGUMAS DELAS.

- CUBRA CADA NÚMERO **3** SEGUINDO AS SETAS. DEPOIS, CONTE OS ELEMENTOS AO LADO DE CADA NÚMERO QUE VOCÊ COBRIU.

Ilustrações: Biry Sarkis/ Arquivo da editora

- DESENHE NO ESPAÇO ABAIXO **3** FRUTAS DE QUE VOCÊ GOSTA. DEPOIS, PINTE O DESENHO QUE VOCÊ FEZ.

VAMOS DESENHAR?

IVO GOSTA MUITO DE DESENHAR. E VOCÊ TAMBÉM GOSTA?

- DESENHE OBJETOS DE ACORDO COM AS QUANTIDADES.

1

2

3

Ilustrações: Biry Sarkis/Arquivo da editora

HORA DO LANCHE DA FAMÍLIA DE GUI

O PAI DE GUI FEZ UM SUCO MUITO GOSTOSO PARA A HORA DO LANCHE.

COM OS COLEGAS, OBSERVE E COMENTE A CENA.

AGORA, RESPONDA:

- QUANTAS SÃO AS CADEIRAS? ☐
- QUANTAS SÃO AS PESSOAS? ☐
- QUANTAS CADEIRAS ESTÃO OCUPADAS? ☐

Ilustrações: Biry Sarkis/Arquivo da editora

BRINCANDO COM BLOCOS DE MONTAR

IVO, RAFAEL E BIA ESTÃO BRINCANDO COM BLOCOS DE MONTAR.

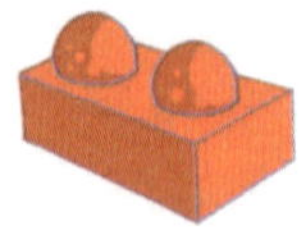

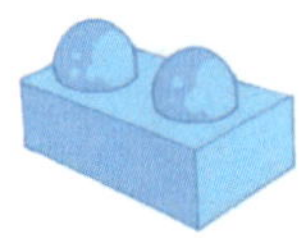

Ilustrações: Biry Sarkis/
Arquivo da editora

- PINTE OS QUADRINHOS DE CADA LINHA DE ACORDO COM A QUANTIDADE DE BLOCOS DE MONTAR DE CADA COR. CADA QUADRINHO QUE VOCÊ PINTAR REPRESENTA UMA PEÇA.

CHAPÉU DE TRÊS PONTAS

VAMOS CANTAR JUNTOS COM RAFAEL, BIA E GUI?

O MEU CHAPÉU TEM TRÊS PONTAS
TEM TRÊS PONTAS O MEU CHAPÉU
SE NÃO TIVESSE TRÊS PONTAS
NÃO SERIA O MEU CHAPÉU.

CANTIGA POPULAR.

Ilustrações: Biry Sarkis/Arquivo da editora

- DOBRE COMO NO DESENHO AO LADO O PEDAÇO DE PAPEL QUE O PROFESSOR VAI LHE ENTREGAR.

- OBSERVE A FIGURA QUE VOCÊ OBTEVE E COMPARE COM A DO CHAPÉU. CONTE AOS COLEGAS E AO PROFESSOR O QUE VOCÊ DESCOBRIU.

TRIÂNGULO

• CUBRA A LINHA TRACEJADA COM CANETINHA, LÁPIS DE COR OU GIZ DE CERA **AZUL**.

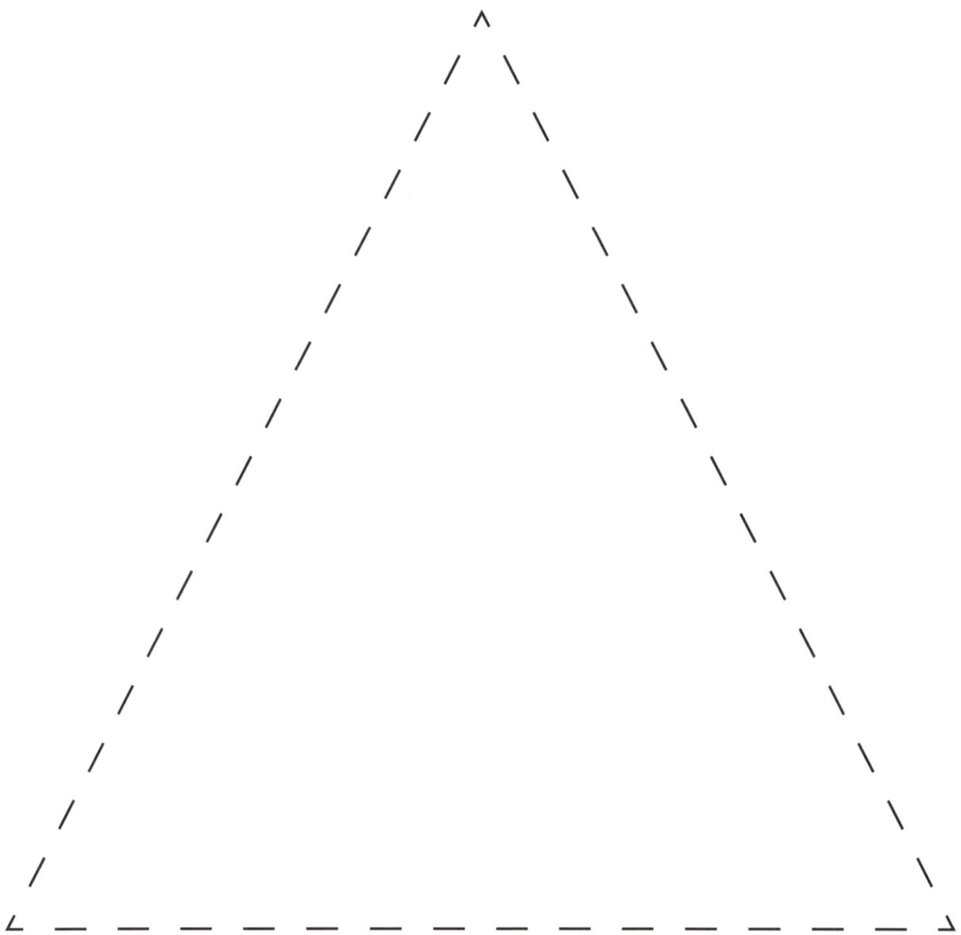

ESSE CONTORNO LEMBRA O FORMATO DO CHAPÉU DE TRÊS PONTAS. ESSA FIGURA SE CHAMA **TRIÂNGULO**.

• OBSERVE O CONTORNO DE UM TRIÂNGULO NESTA PLACA DE TRÂNSITO.

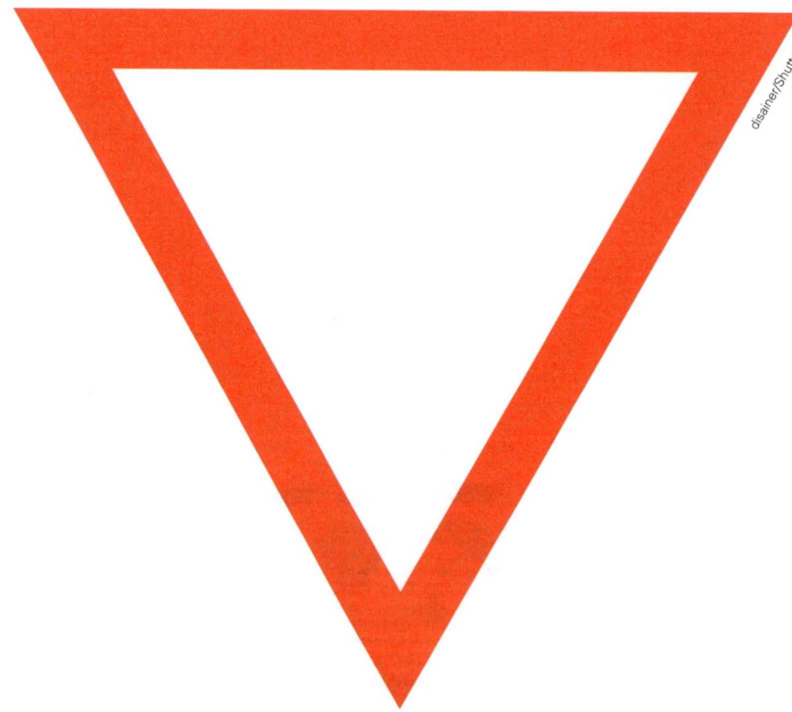

disainer/Shutterstock

COLORINDO TRIÂNGULOS

• PINTE TODOS OS TRIÂNGULOS USANDO A COR QUE VOCÊ PREFERIR.

3, 2, 1

MATERIAL DE APOIO

REGRAS

1. CONVIDE UM AMIGO PARA JOGAR. OS PARTICIPANTES DECIDEM QUEM VAI INICIAR O JOGO.
2. CADA PARTICIPANTE ESCOLHE UMA COR, **VERMELHA** OU **AZUL**. OS PARTICIPANTES JOGAM ALTERNADAMENTE.
3. DESTAQUE AS FICHAS DA **PÁGINA 3**. AS CARTAS NUMERADAS DEVEM FICAR COM OS NÚMEROS VIRADOS PARA BAIXO.
4. UM PARTICIPANTE VIRA UMA CARTA. SE FOR O NÚMERO 1, COLOCA 1 QUADRADO COLORIDO NO QUADRO ABAIXO. SE FOR O 2, COLOCA 2 QUADRADOS COLORIDOS NO QUADRO. SE FOR O 3, COLOCA 3 QUADRADOS.
5. GANHA O JOGO QUEM COMPLETAR PRIMEIRO O QUADRO.

Biry Sarkis/Arquivo da editora

PINTAR E ASSINALAR

VEJA O CARTÃO QUE BIA FEZ PARA SEU AMIGO IVO.

Biry Sarkis/Arquivo da editora

- PINTE DE **VERMELHO** O CORAÇÃO DESENHADO COM O LÁPIS DE PONTA MAIS GROSSA.
- MARQUE ✕ NO CORAÇÃO DESENHADO COM O LÁPIS DE PONTA MAIS FINA.

O QUE É MAIS PESADO?

OS PAIS DE GUI COMPRARAM ALGUMAS FRUTAS NO MERCADO.

Khumthong/Shutterstock

Nataliia K/ Shutterstock

somchaij/ Shutterstock

Molly70photo/Shutterstock

Viktar Malyshchyts/Shutterstock

NDanko/ Shutterstock

SergeiFedulov/Shutterstock

Devil007/ Shutterstock

- EM CADA LINHA, CONTORNE O QUE É MAIS PESADO.

ONDE CABE MAIS?

VAMOS AJUDAR RAFAEL A DESCOBRIR EM QUAL OBJETO CABE MAIS LÍQUIDO?

Ilustrações: Biry Sarkis/ Arquivo da editora

- EM CADA LINHA, CONTORNE O OBJETO EM QUE CABE MAIS LÍQUIDO.

PASSEIO NO ZOOLÓGICO

RAFAEL FOI AO ZOOLÓGICO COM OS PAIS DELE. OBSERVE NA CENA A SEGUIR OS ANIMAIS QUE ELES VIRAM POR LÁ.

Biry Sarkis/Arquivo da editora

- PINTE OS QUADRINHOS DE CADA COLUNA DE ACORDO COM A QUANTIDADE DE CADA ANIMAL. CADA QUADRINHO QUE VOCÊ PINTAR REPRESENTA UM ANIMAL.
- AGORA, OBSERVE OS QUADRINHOS QUE VOCÊ COLORIU E RESPONDA: QUAL ANIMAL HÁ EM MAIOR QUANTIDADE? E QUAL HÁ EM MENOR QUANTIDADE?

ANIMAL FAVORITO

GUI, RAFAEL, CLARA E BIA QUERIAM SABER QUAL DESTES ANIMAIS É O FAVORITO DE CADA UM: GATO OU CACHORRO?

AS RESPOSTAS DELES FORAM COLOCADAS EM DUAS COLUNAS.

CADA QUADRINHO COLORIDO REPRESENTA UM VOTO.

Ilustrações: Biry Sarkis/Arquivo da editora

- QUANTOS VOTOS TEVE O GATO? ▢
- E O CACHORRO? ▢

SEGUIDINHAS

CLARA GOSTA DE FAZER SEGUIDINHAS.

- OBSERVE CADA SEGUIDINHA E DESCUBRA A MANEIRA COMO SE REPETEM AS CORES E AS FIGURAS QUE CLARA DESENHOU.

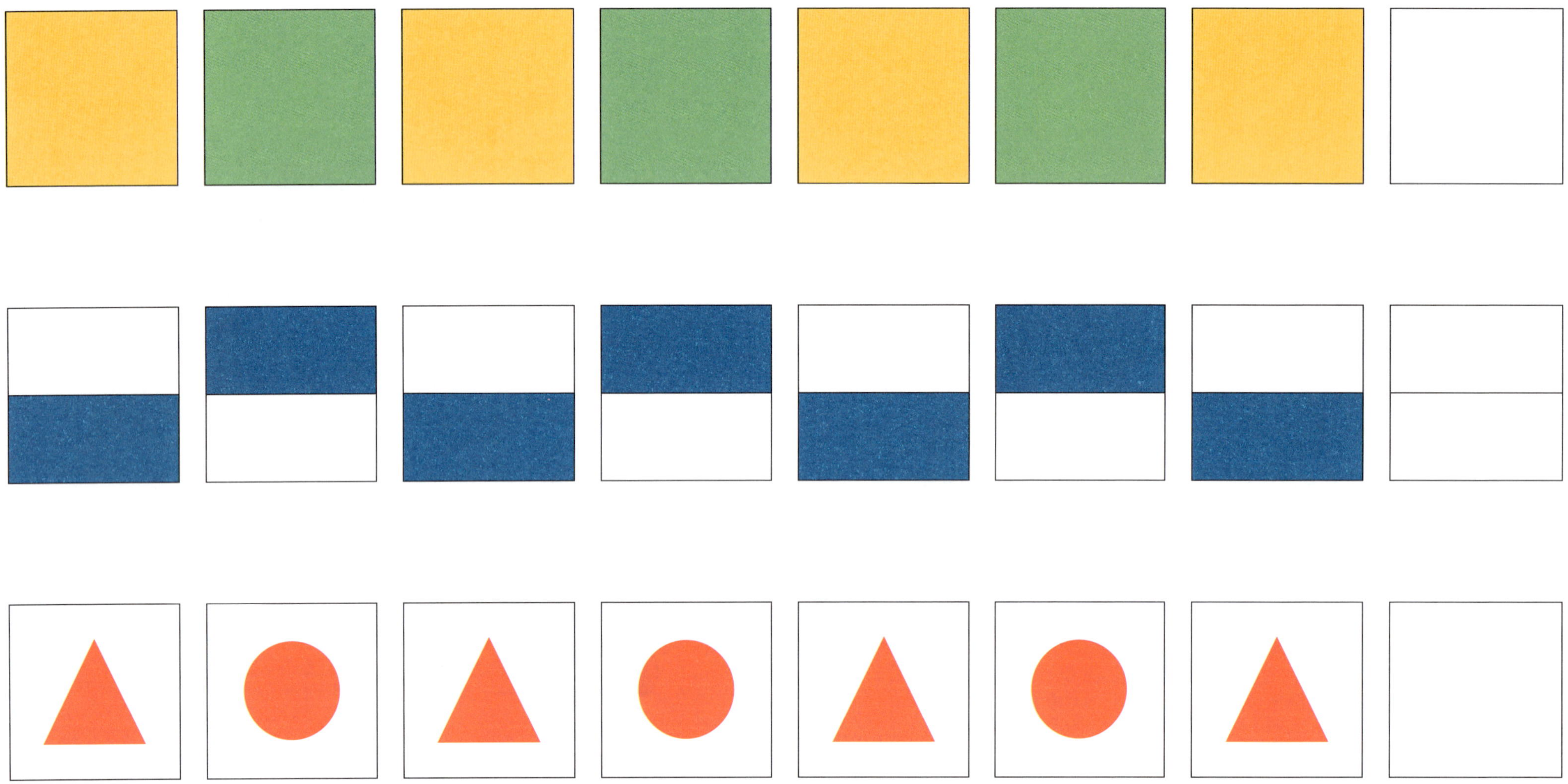

- COMPLETE CADA SEGUIDINHA PINTANDO O ÚLTIMO ELEMENTO EM CADA CASO.

A FILA DO CINEMA

CLARA FOI AO CINEMA COM O TIO DELA.
VEJA A FILA PARA COMPRAR INGRESSOS.

Biry Sarkis/Arquivo da editora

- PINTE DE **VERMELHO** A CAMISETA DE QUEM ESTÁ NA FRENTE DE TODOS DA FILA.
- PINTE DE **AZUL** A CAMISETA DE QUEM ESTÁ ATRÁS DE TODOS DA FILA.
- PINTE DE **AMARELO** A CAMISETA DE QUEM ESTÁ ENTRE AS DUAS PESSOAS USANDO BONÉ.
- PINTE AS OUTRAS CAMISETAS USANDO CORES DIFERENTES DAS QUE JÁ USOU.

CORES E PRESENTES

MATERIAL DE APOIO

REGRAS

1. OS ALUNOS DEVEM SE ORGANIZAR EM DUPLAS.
2. CADA DUPLA DE ALUNOS DEVE USAR UM TABULEIRO DA **PÁGINA 5**.
3. OS PARTICIPANTES DECIDEM QUEM VAI INICIAR O JOGO.
4. OS PARTICIPANTES VÃO USAR TAMBÉM AS CARTAS NUMERADAS DA **PÁGINA 3** QUE FORAM DESTACADAS NO JOGO ANTERIOR. AS CARTAS NUMERADAS DEVEM FICAR COM OS NÚMEROS VIRADOS PARA BAIXO.
5. CADA PARTICIPANTE SORTEIA UMA CARTA NUMERADA, QUE DETERMINA QUANTAS CASAS DEVE DESLOCAR O MARCADOR DELE.
6. SE O MARCADOR PARAR NO **VERMELHO**, FICA UMA VEZ SEM JOGAR.
7. SE O MARCADOR PARAR NO **AZUL**, AVANÇA 1 CASA.
8. SE O MARCADOR PARAR NO **AMARELO**, VOLTA 1 CASA.
9. SE O MARCADOR PARAR EM UM DOS PRESENTES PEQUENOS, AVANÇA 1 CASA.
10. SE O MARCADOR PARAR EM UM DOS PRESENTES GRANDES, AVANÇA 2 CASAS.
11. GANHA O JOGO QUEM ALCANÇAR PRIMEIRO A CHEGADA.

StudioByTheSea/Shutterstock

UNIDADE 2

CONHECENDO A ESCOLA

Biry Sarkis/ Arquivo da editora

QUE OBJETOS REDONDOS PODEMOS ENCONTRAR AO NOSSO REDOR?

A ESCOLA DE BIA, CLARA, GUI, IVO E RAFAEL

ESTA É A ESCOLA DE GUI E TODA A TURMA.

Biry Sarkis/Arquivo da editora

- OBSERVE ESSA CENA COM ATENÇÃO E ESCREVA O NÚMERO QUE INDICA A QUANTIDADE DE:

ÁRVORES: ☐ CRIANÇAS: ☐ PORTAS: ☐ JANELAS: ☐

- PINTE ESTAS PARTES QUE APARECEM NA CENA USANDO AS MESMAS CORES.

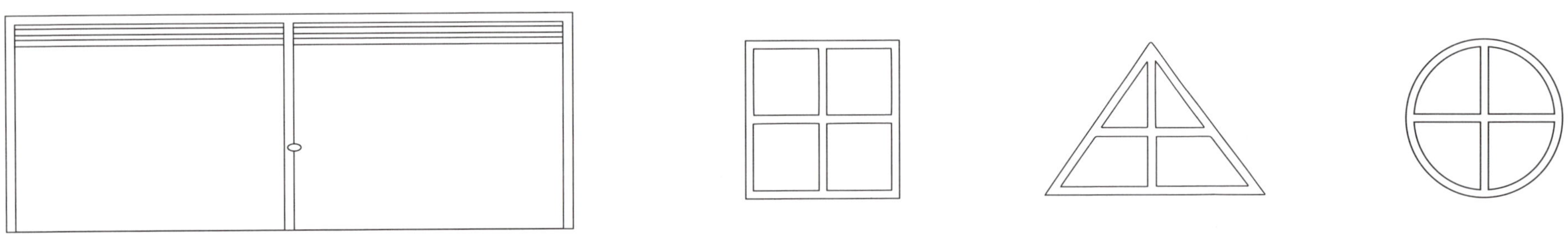

- MARQUE X NA PARTE QUE LEMBRA UM TRIÂNGULO.

QUAL É A POSIÇÃO?

VEJA AS CRIANÇAS EM UMA ATIVIDADE NA ESCOLA.

Biry Sarkis/Arquivo da editora

- DESCREVA A POSIÇÃO DE ALGUNS OBJETOS, DIZENDO SE ELES ESTÃO EM CIMA OU EMBAIXO DAS MESAS.

BRINCANDO NO ESCORREGADOR

A TURMA DE GUI SE DIVERTE MUITO NO PARQUINHO DA ESCOLA.

Biry Sarkis/Arquivo da editora

- PINTE DE **VERMELHO** O ESCORREGADOR MAIS ALTO.
- PINTE DE **AMARELO** O ESCORREGADOR MAIS BAIXO.

BANDEIRINHAS

A FESTA DA ESCOLA EM QUE GUI ESTUDA ESTAVA DECORADA COM MUITAS BANDEIRINHAS.

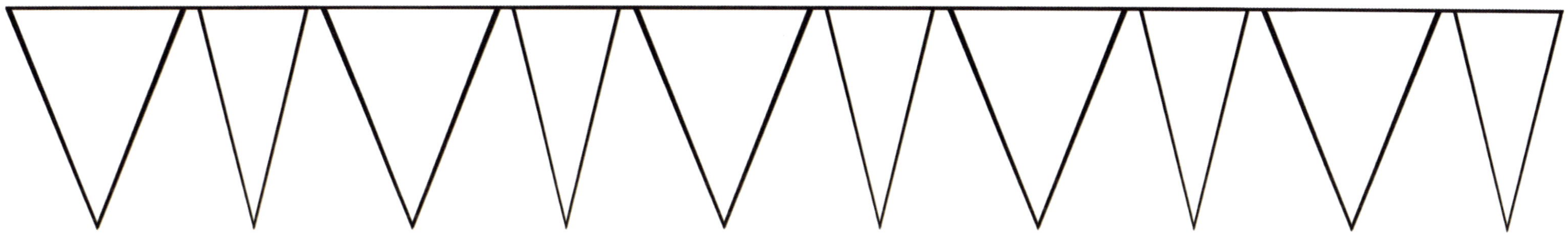

Biry Sarkis/Arquivo da editora

- PINTE AS BANDEIRINHAS MAIS LARGAS DE **VERMELHO**.
- PINTE AS BANDEIRINHAS MAIS ESTREITAS DE **AZUL**.

VAMOS ORGANIZAR BRINQUEDOS?

OS BRINQUEDOS DA SALA DE AULA DE CLARA FORAM SEPARADOS NA ESTANTE.

- COMO VOCÊ ACHA QUE OS BRINQUEDOS FORAM SEPARADOS? CONTE AOS COLEGAS E AO PROFESSOR.

JOGO DA MEMÓRIA

MATERIAL DE APOIO

REGRAS

1. DESTAQUE AS CARTAS DA **PÁGINA 7**.
2. COLOQUE TODAS AS CARTAS SOBRE A MESA COM AS IMAGENS VIRADAS PARA BAIXO.
3. EMBARALHE TODAS AS CARTAS.
4. OS PARTICIPANTES DECIDEM QUEM VAI INICIAR O JOGO.
5. O PARTICIPANTE QUE COMEÇAR DEVE VIRAR 2 CARTAS. SE UMA CARTA TIVER VÁRIOS ELEMENTOS E A OUTRA TIVER APENAS 1 ELEMENTO DO MESMO TIPO, O PARTICIPANTE FICA COM AS 2 CARTAS.
6. CASO AS 2 CARTAS VIRADAS NÃO TENHAM O MESMO TIPO DE ELEMENTO, O PARTICIPANTE DEIXA AS CARTAS SOBRE A MESA COM AS IMAGENS VIRADAS PARA BAIXO E PASSA A VEZ PARA OUTRO PARTICIPANTE.
7. QUANDO NÃO HOUVER MAIS CARTAS SOBRE A MESA, GANHA O JOGO QUEM FICAR COM MAIS CARTAS.

Biry Sarkis/Arquivo da editora

OBA! SALADA DE FRUTAS

NO LANCHE DA ESCOLA, FOI FEITA UMA DELICIOSA SALADA DE FRUTAS PARA AS CRIANÇAS.

Niyazz/Shutterstock

Ian 2010/Shutterstock

Lubava/Shutterstock

Davydenko Yuliia/Shutterstock

gresei/Shutterstock

Valentyn Volkov/Shutterstock

Vaclav Volrab/Shutterstock

- MARQUE ✕ NO ALIMENTO QUE NÃO DEVE SER USADO NA SALADA DE FRUTAS.

UM, DOIS, TRÊS, JÁ!

O PROFESSOR DE LIA RELEMBROU COM A TURMA OS NÚMEROS 1, 2 E 3. FAÇA ISSO VOCÊ TAMBÉM.

- CONTE OS ELEMENTOS EM CADA CENA.
- ESCREVA O NÚMERO QUE INDICA A QUANTIDADE DE PIPAS EM CADA CENA.

Ilustrações: Bry Sarkis/Arquivo da editora

1, 2, 3. AGORA VÊM 4, 5, 6!

AGORA, NA TURMA DE LIA, OS ALUNOS VÃO CONHECER OUTROS NÚMEROS.

- OBSERVE E MOSTRE OS DEDOS COMO NAS FIGURAS. COM OS COLEGAS, CONTE EM VOZ ALTA DE **1** A **6**.

Ilustrações: Biry Sarkis/ Arquivo da editora

1 2 3 4 5 6

- CONTE OS OVOS. DEPOIS, LIGUE CADA QUANTIDADE DE OVOS AO NÚMERO CORRESPONDENTE.

rangizzz/Shutterstock

5

6

4

A QUANTIDADE QUATRO (4)

CADA ALUNO DO GRUPO DE GUI ESCOLHEU UM GIZ DE CERA PARA PINTAR O NÚMERO AO LADO.

Biry Sarkis/Arquivo da editora

- QUANTOS GIZES HÁ NA MESA? MOSTRE COM OS DEDOS.
- PINTE O NÚMERO **4** COM GIZ DE CERA COLORIDO.

teenbull/Shutterstock

4 QUATRO

- CUBRA CADA NÚMERO **4** SEGUINDO AS SETAS. DEPOIS, CONTE OS ELEMENTOS AO LADO DE CADA NÚMERO QUE VOCÊ COBRIU.

Ilustrações: Biry Sarkis/ Arquivo da editora

- AGORA, DESENHE E PINTE **4** BOLAS COM AS CORES QUE PREFERIR.

APRENDER COM PALITOS

VEJA A FIGURA QUE IVO FEZ COM PALITOS EM UMA ATIVIDADE NA ESCOLA.

Ilustrações: Biry Sarkis/Arquivo da editora

ESSA FIGURA SE CHAMA **QUADRADO**.

- QUANTOS PALITOS IVO USOU? ☐
- COLE PALITOS EM UMA FOLHA À PARTE E FORME UM QUADRADO. DEPOIS, MOSTRE O QUADRADO QUE VOCÊ FEZ AOS COLEGAS.

QUADRADO

MATERIAL DE APOIO

GUI E A TURMA DELE SE DIVERTEM NA ESCOLA COM JOGOS.
OBSERVE ESTE TABULEIRO DE JOGO DE DAMAS OU XADREZ. O FORMATO DELE LEMBRA QUAL FIGURA?

Andresr/Shutterstock

- DESTAQUE A FIGURA DO QUADRADO DA **PÁGINA 7**.
- PASSE O DEDO NO CONTORNO DESSA FIGURA E RESPONDA: QUANTAS PONTAS TEM UM QUADRADO?
- AGORA, COLE A FIGURA SOBRE O CONTORNO ACIMA E FAÇA UMA MARCA EM CADA PONTA USANDO CANETA COLORIDA.

PINTANDO TRIÂNGULOS E QUADRADOS

OBSERVE AS FIGURAS ABAIXO.

- PINTE TODOS OS TRIÂNGULOS DE **LARANJA**.
- PINTE TODOS OS QUADRADOS DE **AZUL**.
- QUANTOS QUADRADOS VOCÊ COLORIU?
- E QUANTOS TRIÂNGULOS?

A QUANTIDADE CINCO (5)

CADA ALUNO DO GRUPO DE GUI ESCOLHEU UM LÁPIS DE COR PARA PINTAR UM NÚMERO.

Biry Sarkis/Arquivo da editora

- QUANTOS LÁPIS HÁ NA MESA? MOSTRE COM OS DEDOS.
- PINTE O NÚMERO **5** COM LÁPIS DE COR.

teenbull/Shutterstock

5 CINCO

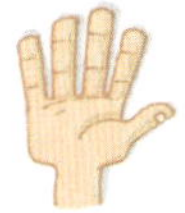

- CUBRA CADA NÚMERO **5** SEGUINDO AS SETAS. DEPOIS, CONTE OS ELEMENTOS AO LADO DE CADA NÚMERO QUE VOCÊ COBRIU.

Ilustrações: Biry Sarkis/ Arquivo da editora

- PINTE CADA UMA DAS LETRAS ABAIXO DE UMA COR.

- QUANTAS LETRAS VOCÊ PINTOU?

OS DEDOS DA MINHA MÃO

- MOLHE AS PONTAS DOS DEDOS DE UMA DE SUAS MÃOS COM TINTA E CARIMBE AQUI.

- QUANTOS DEDOS HÁ EM UMA MÃO? ☐
- AGORA, OBSERVE SEUS PÉS E RESPONDA: QUANTOS DEDOS HÁ EM CADA PÉ? ☐

HABITANTES DO MAR

OS ALUNOS DA TURMA DE GUI FIZERAM UMA EXCURSÃO A UM AQUÁRIO. LÁ, ELES VIRAM MUITOS HABITANTES DO MAR. OBSERVE AS IMAGENS NOS QUADRINHOS EM CADA COLUNA E RESPONDA.

- QUANTOS  ELES VIRAM? ☐
- QUANTAS  ELES VIRAM? ☐
- QUANTOS  ELES VIRAM? ☐
- QUANTAS  ELES VIRAM? ☐

Ilustrações: Biry Sarkis/Arquivo da editora

SUGESTÃO DE LIVRO

Reprodução/Panda Books

FLOP, DE LAURENT CARDON. SÃO PAULO: PANDA BOOKS, 2012.

FLORES NO JARDIM DA ESCOLA

- CONTE AS FLORES. DEPOIS, LIGUE CADA NÚMERO À QUANTIDADE DE FLORES CORRESPONDENTE.

1

2

3

4

5

Ilustrações: Biry Sarkis/Arquivo da editora

VAMOS MEDIR?

IVO USOU CLIPES PARA COMPARAR AS MEDIDAS DESTES MATERIAIS ESCOLARES: LÁPIS, GIZ DE CERA E GIZ DE LOUSA.

- ESCREVA O NÚMERO QUE INDICA QUANTOS CLIPES MEDE CADA OBJETO.

Ilustrações: Biry Sarkis/Arquivo da editora

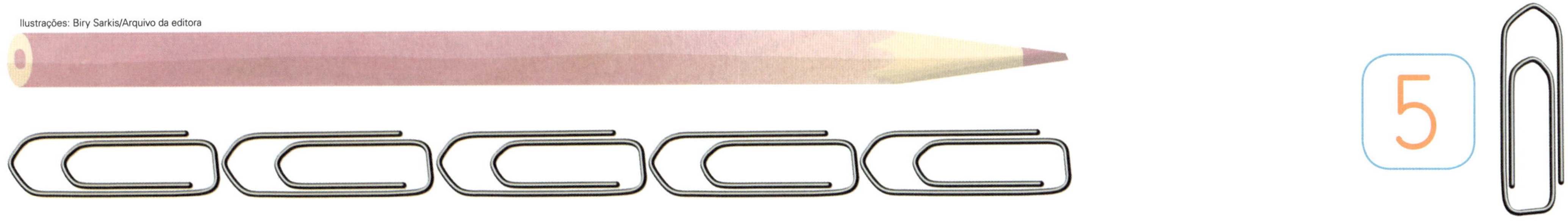

- MARQUE ✕ NO OBJETO QUE TEM MEDIDA MAIOR DO QUE OS OUTROS.
- MARQUE ○ NO OBJETO QUE TEM MEDIDA MENOR DO QUE OS OUTROS.

QUEM É O MAIS ALTO?

NA AULA DE EDUCAÇÃO FÍSICA, OS ALUNOS COMPARARAM A ALTURA DELES PARA SABER QUEM ERA O MAIS ALTO.

• MARQUE ✕ NO MAIS ALTO EM CADA DUPLA.

Biry Sarkis/Arquivo da editora

A QUANTIDADE SEIS (6)

TEM GENTE NOVA NA TURMA!
CADA ALUNO DO GRUPO DE GUI ESCOLHEU UMA CANETA COLORIDA PARA PINTAR UM NÚMERO.

Biry Sarkis/Arquivo da editora

1 2 3 4 5 6 7 8 9 10

- QUANTAS CANETAS HÁ NA MESA? MOSTRE COM OS DEDOS.
- PINTE O NÚMERO **6** COM CANETA COLORIDA.

VAMOS COLORIR QUADRADOS?

GUI PINTOU **6** QUADRADOS NO QUADRO DELE.

Biry Sarkis/Arquivo da editora

AGORA, VAMOS AJUDAR RAFAEL E CLARA?

- PINTE **6** QUADRADOS NO QUADRO DE RAFAEL E NO DE CLARA, DEIXANDO CADA QUADRO DIFERENTE.
- ABAIXO DE CADA QUADRO ESCREVA O NÚMERO QUE INDICA A QUANTIDADE DE QUADRADOS QUE VOCÊ COLORIU.

VAMOS CONTAR OS ANIMAIS?

RAFAEL VISITOU A BIBLIOTECA DA ESCOLA E ESCOLHEU UM LIVRO SOBRE ANIMAIS.
OBSERVE AS IMAGENS QUE ELE ENCONTROU.

Ilustrações: Biry Sarkis/Arquivo da editora

- QUANTOS ANIMAIS HÁ EM CADA IMAGEM? ESCREVA O NÚMERO QUE INDICA CADA QUANTIDADE.

HORA DO JOGO E DA BRINCADEIRA

MATERIAL DE APOIO

DOMINÓ

REGRAS

1. CONVIDE UM COLEGA PARA JOGAR.
2. DESTAQUE AS PEÇAS DO DOMINÓ DA **PÁGINA 9**.
3. JUNTE SUAS PEÇAS COM AS PEÇAS DO COLEGA. EMBARALHE E DISTRIBUA METADE PARA CADA UM DE VOCÊS.
4. CADA UM JOGA O DADO. QUEM TIRAR O MAIOR NÚMERO COMEÇA O JOGO.
5. UM PARTICIPANTE COLOCA UMA PEÇA NA MESA. O OUTRO DEVE COLOCAR ENCOSTADA NESSA PEÇA OUTRA PEÇA COM O MESMO NÚMERO DE PONTOS. QUEM NÃO PUDER COLOCAR UMA PEÇA QUE SE ENCAIXE NA SEQUÊNCIA PASSA A VEZ.
6. VENCE O JOGO QUEM COLOCAR PRIMEIRO TODAS AS PEÇAS.

Biry Sarkis/Arquivo da editora

RETÂNGULO

A PROFESSORA DE IVO MOSTROU PARA A TURMA A BANDEIRA DO BRASIL.

- CUBRA A LINHA TRACEJADA COM CANETINHA **VERDE**.

Thomas Pajot/Shutterstock

ESSE CONTORNO LEMBRA O FORMATO DA BANDEIRA DO BRASIL.
ESSA FIGURA SE CHAMA **RETÂNGULO**.

- OBSERVE O CONTORNO DO RETÂNGULO NA BANDEIRA DO BRASIL:

QUANTAS PONTAS TEM O RETÂNGULO?

CÍRCULO

- CUBRA A LINHA TRACEJADA COM GIZ DE CERA **AZUL**.
- DEPOIS, PINTE A FIGURA.

Thomas Pajot/Shutterstock/Fotomontagem: FernandaCrevin

ESSA FIGURA LEMBRA O FORMATO QUE APARECE NA PARTE CENTRAL DA BANDEIRA DO BRASIL. ELA SE CHAMA **CÍRCULO**.

CADA FIGURA DE UMA COR

- PINTE DE **AMARELO** TODAS AS FIGURAS CIRCULARES.
- PINTE DE **VERDE** TODOS OS RETÂNGULOS.
- PINTE DE **AZUL** TODOS OS TRIÂNGULOS.

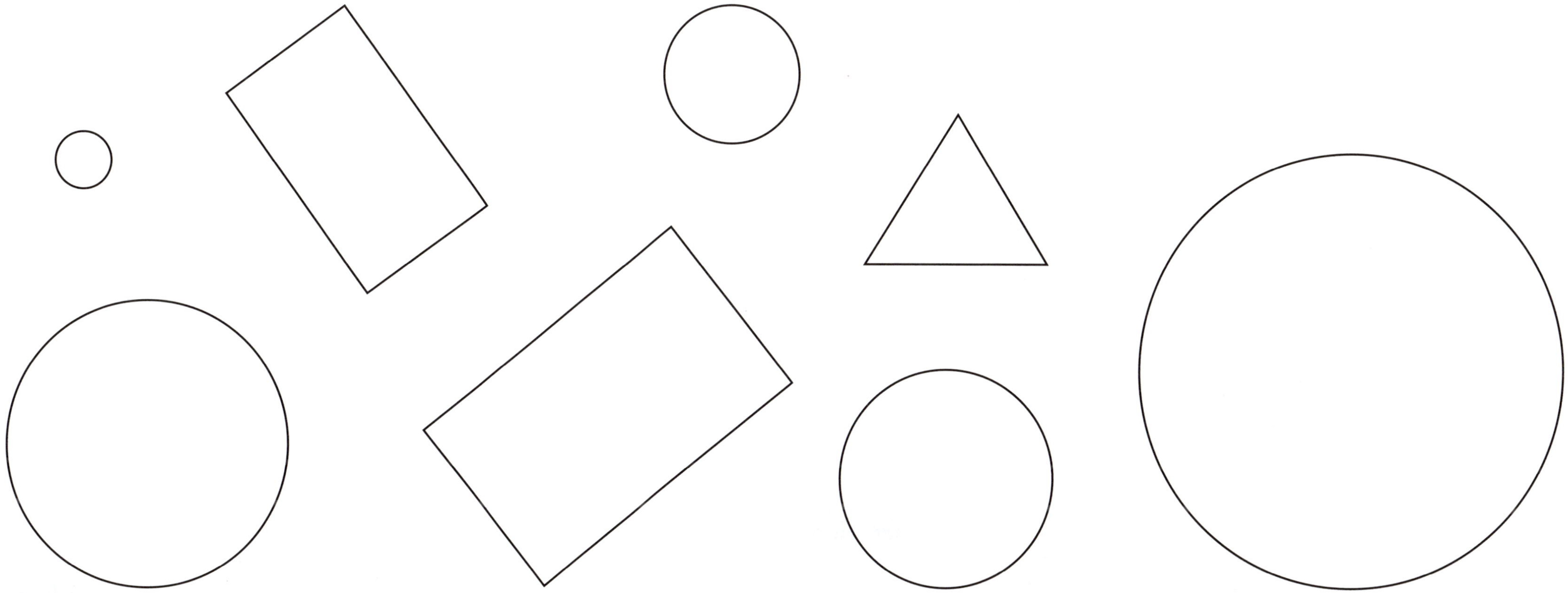

- QUANTOS CÍRCULOS VOCÊ VÊ ACIMA?
- QUANTAS FIGURAS COM FORMATO RETANGULAR VOCÊ VÊ ACIMA?
- QUANTAS FIGURAS COM FORMATO TRIANGULAR VOCÊ VÊ ACIMA?

TREM GEOMÉTRICO

A PROFESSORA PEDIU AOS ALUNOS QUE DESENHASSEM MEIOS DE TRANSPORTE.
GUI DESENHOU E PINTOU UM TREM.
NO TREM, APARECEM MUITAS FIGURAS GEOMÉTRICAS.

Biry Sarkis/Arquivo da editora

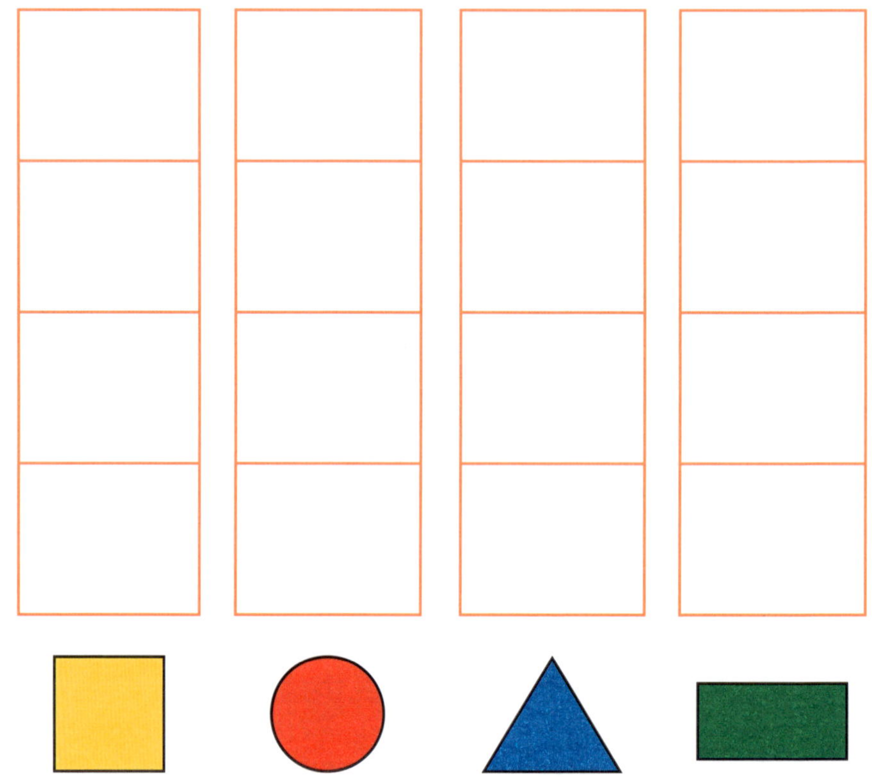

- EM CADA COLUNA, PINTE A QUANTIDADE DE QUADRINHOS IGUAL À QUANTIDADE DE CADA UMA DAS FIGURAS GEOMÉTRICAS QUE COMPÕEM O DESENHO DO TREM.
- AGORA, OBSERVE OS QUADRINHOS QUE VOCÊ COLORIU E RESPONDA: NO DESENHO, QUAL É O FORMATO DA FIGURA GEOMÉTRICA QUE APARECEU EM MENOR QUANTIDADE?

BOLACHAS NO LANCHE DA ESCOLA

GUI E BIA ESTÃO COMENDO AS BOLACHAS DE QUE MAIS GOSTAM.

Ilustrações: Biry Sarkis/ Arquivo da editora

koosen/Shutterstock

Radu Bercan/Shutterstock

- MARQUE ✕ NA BOLACHA QUE LEMBRA UM CÍRCULO.
- CONTORNE A BOLACHA COM FORMATO QUE LEMBRA UM RETÂNGULO.
- E VOCÊ? QUE BOLACHA PREFERE? QUE FORMATO ELA TEM?

VAMOS PINTAR?

NA TURMA DE GUI, OS ALUNOS ESTÃO PINTANDO DESENHOS DE OBJETOS.

- PINTE COM A COR DAS FIGURAS AO LADO OS OBJETOS QUE LEMBRAM O MESMO FORMATO.

Ilustrações: Biry Sarkis/ Arquivo da editora

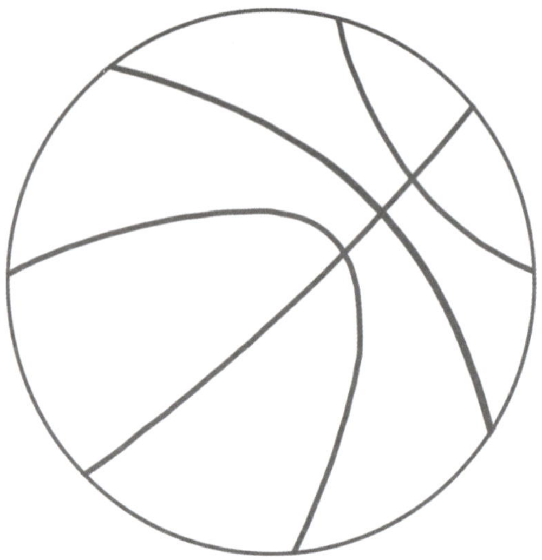

VAMOS CONTORNAR?

- OBSERVE O OBJETO REPRESENTADO EM CADA LINHA E CONTORNE A FIGURA GEOMÉTRICA QUE SE PARECE COM ELE.

Ilustrações: Biry Sarkis/ Arquivo da editora

DO QUE VOCÊ GOSTA MAIS?

DE QUAL BRINQUEDO DO PARQUINHO DA ESCOLA VOCÊ GOSTA MAIS? E OS SEUS AMIGOS?

- PERGUNTE A **6** COLEGAS DA TURMA: VOCÊ GOSTA MAIS DE ESCORREGADOR OU DE BALANÇO? PINTE UM QUADRINHO PARA REPRESENTAR CADA RESPOSTA.

Ilustrações: Biry Sarkis/ Arquivo da editora

- OBSERVE OS QUADRINHOS QUE VOCÊ PINTOU E RESPONDA: QUAL BRINQUEDO FOI O MAIS ESCOLHIDO?

UNIDADE 3

NATUREZA E CORES

Biry Sarkis/Arquivo da editora

QUE CORES PODEMOS ENCONTRAR NA NATUREZA?

VAMOS COMENTAR A CENA?

IVO GOSTA DE OBSERVAR A NATUREZA.

Biry Sarkis/Arquivo da editora

- NA PAISAGEM ACIMA, LOCALIZE OS ITENS A SEGUIR. APONTE COM O DEDO PARA INDICAR ONDE ESTÃO.

UMA ÁRVORE	UMA FRUTA	UM ANIMAL	UMA FLOR
O SOL	ÁGUA	TERRA	UMA NUVEM

- DESENHE UM PASSARINHO EM CIMA DA ÁRVORE QUE ESTÁ ENTRE AS OUTRAS DUAS.

PINTAR E CONTAR

CLARA GOSTA DE DESENHAR A NATUREZA E DEPOIS PINTAR OS DESENHOS.

- FAÇA COMO CLARA: PINTE OS DESENHOS ABAIXO. EM SEGUIDA, ESCREVA OS NÚMEROS QUE INDICAM AS QUANTIDADES.

QUANTAS ÁRVORES? ☐

QUANTAS FLORES? ☐

QUANTAS FOLHAS? ☐

QUANTAS FRUTAS? ☐

Ilustrações: Biry Sarkis/Arquivo da editora; Banco de imagens/Arquivo da editora

AS CORES DAS FRUTAS

VOCÊ CONHECE ESTAS FRUTAS?

Ilustrações: Gizes de cera: IMissisHope/Shutterstock; frutas: graphixmania/Shutterstock

LARANJA

MAÇÃ

UVA

- OBSERVE AS CORES DOS GIZES. DEPOIS, PINTE AS FRUTAS COM AS CORES DELES.

E AS FRUTAS ABAIXO, VOCÊ JÁ PROVOU?

Giz de cera: AVIcon/Shutterstock; fruta: Sudowoodo/Shutterstock

BANANA

Giz de cera: AVIcon/Shutterstock; fruta: Giuseppe_R/Shutterstock

MORANGO

- PINTE OS GIZES COM A MESMA COR DAS FRUTAS.

COMPARAÇÕES COM ANIMAIS

VOCÊ CONHECE ESTES ANIMAIS?

- MARQUE ✕ NO ANIMAL DE ACORDO COM A CARACTERÍSTICA CITADA EM CADA ITEM.

O MAIS RÁPIDO

Georgy Dzyura/Shutterstock

( )

Tsekhmister/Shutterstock

( )

O MAIS ALTO

Eric Isselee/Shutterstock

( )

MirasWonderland/Shutterstock

( )

O MAIS PESADO

clarst5/Shutterstock

( )

danielkreissl/Shutterstock

( )

O QUE TEM MAIS PERNAS

Litvalifa/Shutterstock

( )

iSKYDANCER/Shutterstock

( )

SUGESTÃO DE LIVRO

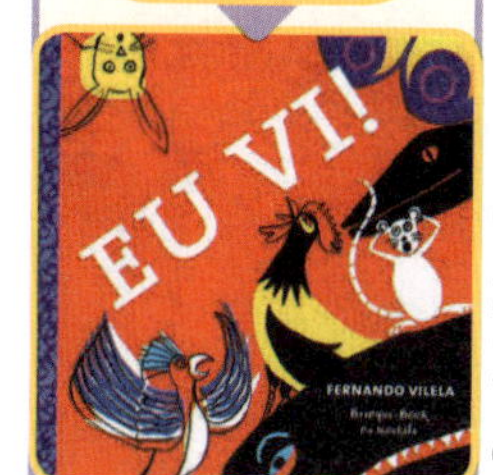

Reprodução/Editora Brinque-Book

EU VI!, DE FERNANDO VILELA. SÃO PAULO: BRINQUE-BOOK, 2011.

MEL, OVO E LEITE: QUEM PRODUZIU?

O MEL, O OVO E O LEITE SÃO ALIMENTOS IMPORTANTES PARA NOSSA SAÚDE. VOCÊ SABE DE ONDE ELES VÊM? CONVERSE COM OS COLEGAS.

- LIGUE CADA ANIMAL AO QUE ELE PRODUZ.

SSPhotoman/Shutterstock

Mariyana M/Shutterstock

Peter Gudella/Shutterstock

artphotoclub/Shutterstock

Eric Isselee/Shutterstock

FabrikaSimf/Shutterstock

ÁGUA

A ÁGUA TAMBÉM É MUITO IMPORTANTE PARA NOSSA SAÚDE.

- VEJA AS CENAS ABAIXO. CONTORNE TODAS EM QUE A PESSOA ESTÁ UTILIZANDO ÁGUA.

Ilustrações: Biry Sarkis/Arquivo da editora

- CONVERSE COM OS COLEGAS SOBRE OUTRAS SITUAÇÕES EM QUE PRECISAMOS UTILIZAR ÁGUA.

DIA DE SOL, DIA DE CHUVA

- LIGUE CADA CENA À CAMISETA MOLHADA OU SECA NO VARAL.

Ilustrações: Biry Sarkis/Arquivo da editora

COMO ESTÁ O CÉU HOJE?

TODOS OS DIAS SÃO IGUAIS? HOJE TEM SOL OU O DIA ESTÁ NUBLADO? SERÁ QUE VAI CHOVER?

- OBSERVE O CÉU NESTA SEMANA E, A CADA DIA DA SEMANA, PINTE UM QUADRINHO NA LINHA AO LADO DO DESENHO QUE REPRESENTA COMO O CÉU ESTÁ.

Imagens: Mureu/Shutterstock

ESTRELAS

A TURMA DE GUI GOSTA DE OBSERVAR AS ESTRELAS NO CÉU.

- LIGUE AS DUAS ESTRELAS QUE TÊM O MESMO FORMATO E O MESMO TAMANHO.

Ilustrações: Miguel Couto/ Shutterstock

Ilustrações: gn8/ Shutterstock

- PINTE A ESTRELA QUE TEM A QUANTIDADE DE PONTAS DIFERENTE DA QUANTIDADE DAS OUTRAS.

Imagens: Julia Sanders/ Shutterstock

- REGISTRE O NÚMERO QUE INDICA A QUANTIDADE DE PONTAS DE CADA ESTRELA. DEPOIS, PINTE CADA ESTRELA COM UMA COR.

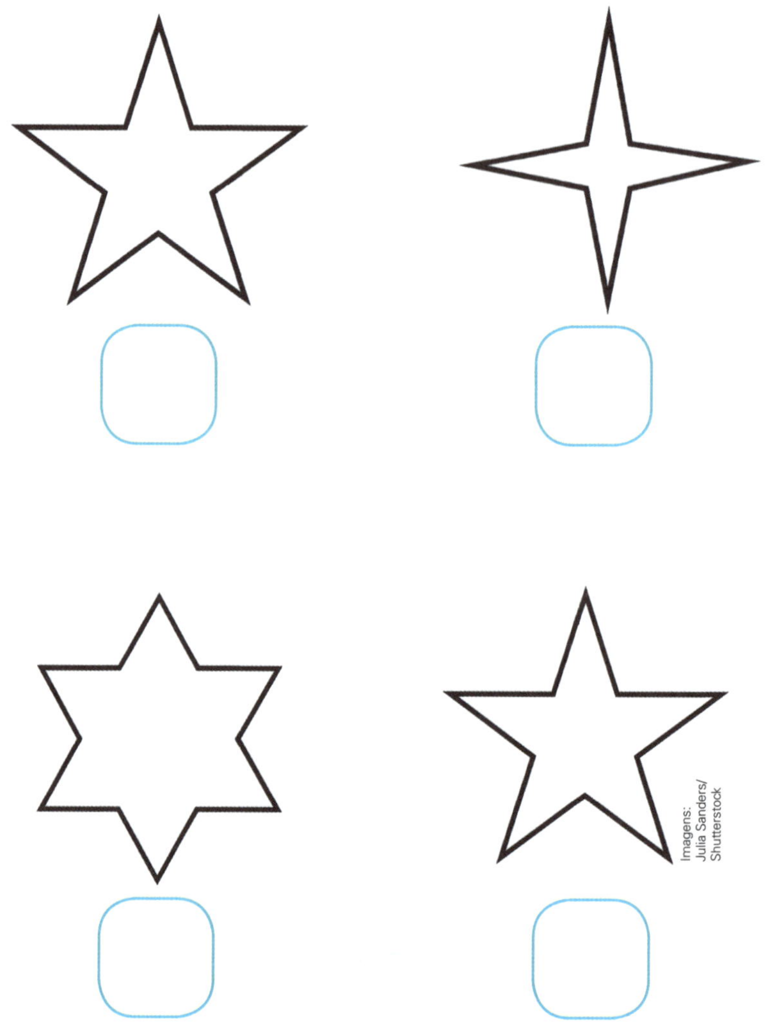

Imagens: Julia Sanders/ Shutterstock

VAMOS CONTAR?

- MARQUE X NO GRUPO QUE TEM **6** ELEMENTOS.
- MARQUE O NO GRUPO QUE TEM **4** ELEMENTOS.
- ESCREVA O NÚMERO QUE INDICA QUANTOS ELEMENTOS TEM NO GRUPO QUE SOBROU.

Ilustrações: Biry Sarkis/Arquivo da editora

FRUTAS E SEMENTES

AS FRUTAS NASCEM DE SEMENTES. ALÉM DE SEREM GOSTOSAS, AS FRUTAS FAZEM MUITO BEM À SAÚDE! GUI E A TURMA DELE GOSTAM MUITO DE FRUTAS. VOCÊ TAMBÉM GOSTA? DE QUAL?

phomphan/Shutterstock

Abramova Elena/Shutterstock

O.Bellini/Shutterstock

- CONTORNE A FRUTA QUE TEM APENAS **1** SEMENTE. QUAL É O NOME DESSA FRUTA?
- MARQUE ✕ NAS FRUTAS QUE TÊM MAIS DE **1** SEMENTE.

CACHORRINHO OU CACHORRÃO?

GUI TEM UM CACHORRO CHAMADO AMARELO E ADOTOU MAIS UM CACHORRO, O BRANQUINHO.

Ilustrações: Biry Sarkis/Arquivo da editora

- FAÇA UMA LINHA DE COR **VERMELHA** LIGANDO O CACHORRINHO À CASA MENOR E O CACHORRÃO À CASA MAIOR.

CURTO OU COMPRIDO?

• DESCREVA O QUE VOCÊ VÊ NESTA CENA.

Biry Sarkis/Arquivo da editora

CENTOPEIA MALUCA

GUI DESENHOU E COMEÇOU A PINTAR UMA CENTOPEIA BEM DIFERENTE.

Biry Sarkis/Arquivo da editora

- DESCUBRA O PADRÃO QUE SE REPETE NA SEQUÊNCIA DAS CORES DA CENTOPEIA. DEPOIS, CONTINUE PINTANDO USANDO O MESMO PADRÃO.

SEGUIDINHA NA TRILHA

MATERIAL DE APOIO

REGRAS

1. CONVIDE UM COLEGA PARA JOGAR COM VOCÊ E COMBINE COM ELE QUEM COMEÇA A PARTIDA.
2. DESTAQUE AS PEÇAS DA **PÁGINA 11**.
3. EMBARALHE AS PEÇAS COM AS IMAGENS DE FLORES E GATOS VOLTADAS PARA BAIXO.
4. CADA UM, NA SUA VEZ, SORTEIA UMA PEÇA E VERIFICA SE ELA CONTINUA A SEGUIDINHA NA TRILHA INICIADA NESTA PÁGINA. SE A PEÇA SORTEADA NÃO SE ENCAIXAR NA TRILHA, O PARTICIPANTE PERDE A VEZ.
5. QUEM ATINGIR PRIMEIRO A CHEGADA GANHA O JOGO.
6. NO FIM, CADA UM COLA AS PEÇAS NO PRÓPRIO LIVRO.

Biry Sarkis/Arquivo da editora

COMPARAR E PINTAR

A ABELHA TEM 3 CAMINHOS PARA CHEGAR ÀS FLORES.

A ABELHA

QUANDO ELA PICA
FAZ MAL.
QUANDO TRABALHA
FAZ MEL.

ABECEDÁRIO DOS BICHOS QUE EXISTEM E NÃO EXISTEM, DE CARLOS RODRIGUES BRANDÃO. CAMPINAS: AUTORES ASSOCIADOS, 2008.

Biry Sarkis/Arquivo da editora

- PINTE DE **VERMELHO** O CAMINHO MAIS CURTO.
- PINTE DE **AMARELO** O CAMINHO MAIS COMPRIDO.
- ESCOLHA OUTRA COR PARA PINTAR O CAMINHO QUE SOBROU.

COPOS COM SUCO DE FRUTAS

BIA, IVO E CLARA ESTÃO TOMANDO SUCO NA LANCHONETE.

- LIGUE CADA INFORMAÇÃO AO COPO CORRESPONDENTE.

BIA ESCOLHEU SUCO DE LARANJA, QUE ESTÁ NO COPO MAIS CHEIO.

IVO ESCOLHEU SUCO DE UVA, QUE ESTÁ NO COPO MAIS VAZIO.

CLARA ESCOLHEU SUCO DE MORANGO, QUE ESTÁ NO COPO QUE SOBROU.

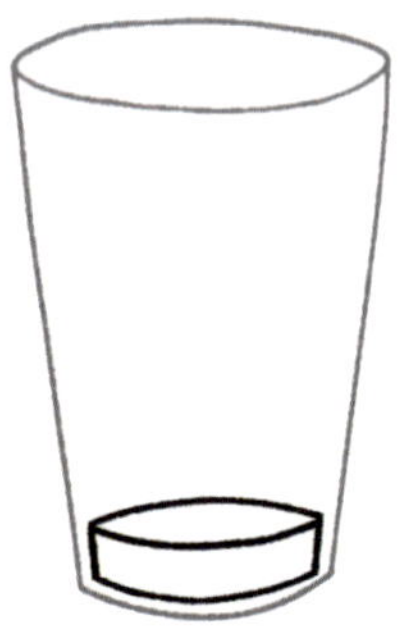

Frutas: Biry Sarkis/Arquivo da editora;
Copos: Banco de imagens/Arquivo da editora

- AGORA, PINTE OS SUCOS NOS COPOS USANDO OS LÁPIS QUE TÊM AS MESMAS CORES

DAS FRUTAS: ,  E .

MILHO VERDE

GUI GOSTA MUITO DE MILHO VERDE. VOCÊ TAMBÉM GOSTA?
VOCÊ SABE QUAIS COMIDAS PODEMOS PREPARAR COM MILHO VERDE?

Ilustrações: Biry Sarkis/
Arquivo da editora

- MARQUE ✕ NA ESPIGA DE MILHO VERDE MAIS CURTA.
- CONTORNE A ESPIGA DE MILHO VERDE MAIS COMPRIDA.

DE 1 A 6: VAMOS CONTAR?

OBSERVE A CENA.

- QUANTOS SAPINHOS TEM NESSA CENA?
- CUBRA OS NÚMEROS **1** A **6**.

OS DESENHOS DE RAFAEL

RAFAEL DESENHOU ANIMAIS EM FICHAS COLORIDAS. CADA FICHA TINHA UM FORMATO DIFERENTE. OBSERVE AS FICHAS COM OS DESENHOS DE RAFAEL.

Ilustrações: Biry Sarkis/Arquivo da editora

FORMATO DA FICHA	QUANTIDADE DE ANIMAIS

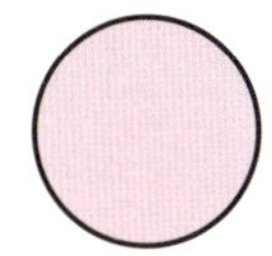	

- COMPLETE O QUADRO COM O NÚMERO QUE INDICA A QUANTIDADE DE ANIMAIS EM CADA FICHA.

OS DESENHOS DE BIA

AGORA É A SUA VEZ!

- CUBRA OS PONTILHADOS E FAÇA COMO RAFAEL: DESENHE FLORES NAS FICHAS ABAIXO. PARA SABER QUANTAS FLORES DESENHAR EM CADA FICHA, CONSULTE O QUADRO AO LADO.

FORMATO DA FICHA	QUANTIDADE DE FLORES
	3
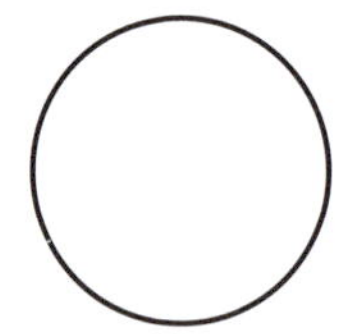	4
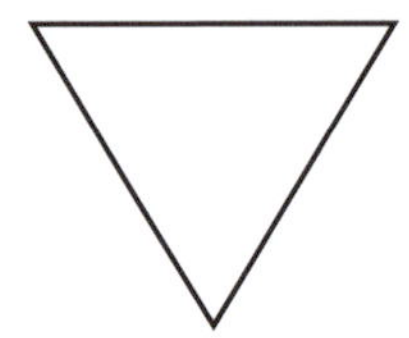	1
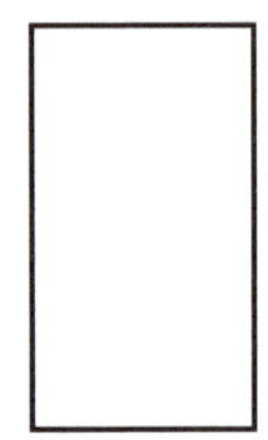	2

- PINTE AS FICHAS E OS DESENHOS QUE VOCÊ FEZ.

QUANTOS FILHOTES?

A TURMA DE GUI GOSTA MUITO DE ANIMAIS.

• PINTE O QUADRINHO COM O NÚMERO QUE INDICA A QUANTIDADE DE FILHOTES EM CADA CASO.

uzhursky/Shutterstock

4 5 6

Dmitry Kalinovsky/
Shutterstock

4 5 6

DEPOIS DO 6, O QUE VEM?

- CONTE QUANTOS PATINHOS HÁ NO LAGO.

Ilustrações: Biry Sarkis/Arquivo da editora

CHEGOU MAIS UM...

- QUANTOS SÃO AGORA?

DEPOIS DO **6** VEM O **7** (**SETE**).

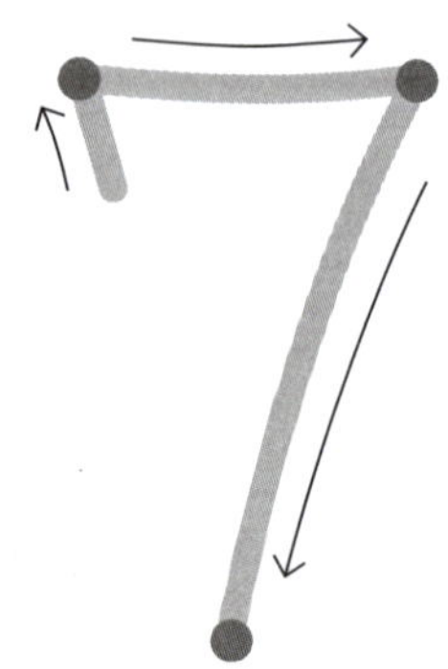

SETE

E DEPOIS DO 7, O QUE VEM?

• CONTE QUANTOS PATINHOS HÁ NO LAGO.

Ilustrações: Biry Sarkis/Arquivo da editora

CHEGOU MAIS UM...

• QUANTOS SÃO AGORA?

DEPOIS DO **7** VEM O **8** (**OITO**).

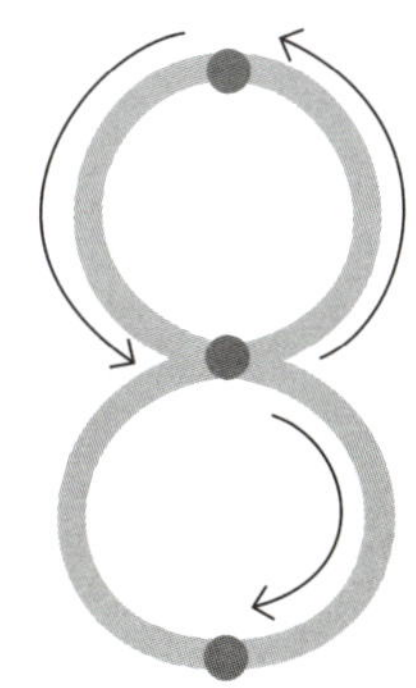

OITO

CONTANDO 6, 7, 8

• CONTE QUANTAS FRUTAS HÁ EM CADA GRUPO E MOSTRE A QUANTIDADE COM OS DEDOS. DEPOIS, CUBRA OS NÚMEROS SEGUINDO AS SETAS.

6

SEIS

7

SETE

8

OITO

Ilustrações: Biry Sarkis/ Arquivo da editora

1 2 3 4 5 6 7 8 9 10

VAMOS CONTAR JOANINHAS?

BIA VIU ALGUMAS JOANINHAS NO JARDIM DA ESCOLA.

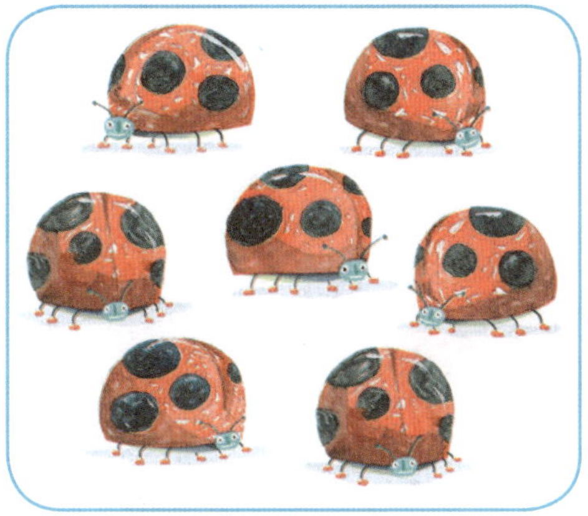

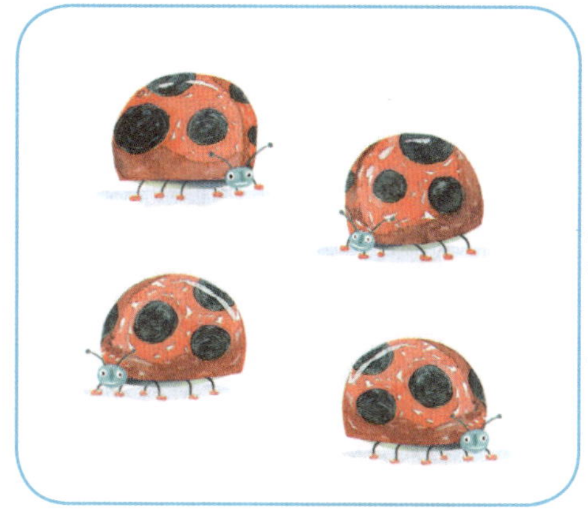

Ilustrações: Biry Sarkis/Arquivo da editora

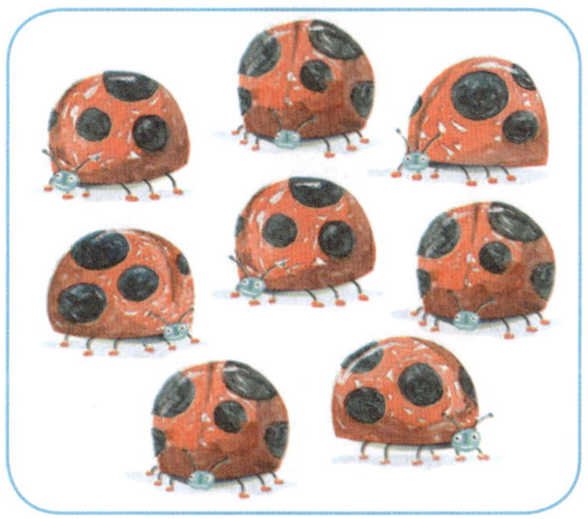

- ESCREVA O NÚMERO QUE INDICA QUANTAS JOANINHAS HÁ EM CADA QUADRO. APONTE COM O DEDO ENQUANTO CONTA.
- MARQUE ✕ NOS QUADROS QUE TÊM A MESMA QUANTIDADE DE JOANINHAS.

FLORES, FRUTAS E ANIMAIS

- CONTORNE DE **LARANJA** O GRUPO QUE SÓ TEM FRUTAS.
- CONTORNE DE **VERDE** O GRUPO QUE TEM 4 FLORES.
- CONTORNE DE **MARROM** O GRUPO QUE TEM FLORES, FRUTAS E ANIMAIS.

Imagens: frutas: Akifune/Shutterstock; flores: allegro/Shutterstock; peixe: fredrisher/Shutterstock; patos: Tanasab/Shutterstock; gato: puaypuay/Shutterstock

ANTES, DURANTE E DEPOIS

BIA CUIDA COM CARINHO DAS PLANTAS QUE TÊM NA CASA DELA.
AS CENAS ABAIXO MOSTRAM 3 MOMENTOS DO CRESCIMENTO DA PLANTA PREFERIDA DE BIA.

Kazakova Maryia/Shutterstock

- INDIQUE A ORDEM EM QUE AS CENAS ACONTECERAM ESCREVENDO OS NÚMEROS **1**, **2** E **3** NOS QUADRINHOS.
- CONVERSE COM OS COLEGAS E JUSTIFIQUE A ORDEM ESCOLHIDA.

SIM OU NÃO?

OBSERVE AS IMAGENS E RESPONDA:

- TODAS MOSTRAM ANIMAIS?
- TODOS OS ANIMAIS TÊM 4 PERNAS?

Ilustrações: Biry Sarkis/ Arquivo da editora

- AGORA, ESCREVA NO QUADRINHO O NÚMERO QUE INDICA A QUANTIDADE DE PERNAS DE CADA ANIMAL.

SEMELHANÇAS E DIFERENÇAS

- MARQUE X NO QUADRO QUE TEM DUAS FLORES DE MESMA COR.

- MARQUE X NO QUADRO QUE TEM DUAS FLORES DE CORES DIFERENTES.

Ilustrações: Biry Sarkis/Arquivo da editora

- MARQUE X NO QUADRO QUE TEM DUAS FLORES COM A MESMA QUANTIDADE DE PÉTALAS.

- MARQUE X NO QUADRO QUE TEM DUAS FLORES COM QUANTIDADES DIFERENTES DE PÉTALAS.

PULAR CORDA

REGRAS

1. CONVIDE 2 COLEGAS PARA BRINCAR COM VOCÊ DE PULAR CORDA.
2. 2 ALUNOS SEGURAM A CORDA, UM EM CADA EXTREMIDADE, E BATEM PARA QUE O OUTRO PULE.
3. A DUPLA QUE ESTÁ BATENDO A CORDA FAZ A CONTAGEM DE BATIDAS ATÉ 6 ENQUANTO O OUTRO PULA A CORDA CADA VEZ QUE ELA SE APROXIMA DOS PÉS DELE. EM SEGUIDA, QUEM ESTAVA PULANDO TROCA DE POSIÇÃO COM UM DOS COLEGAS QUE ESTAVA BATENDO CORDA, ATÉ QUE TODOS TENHAM SE REVEZADO E PULADO CORDA 6 VEZES.

Biry Sarkis/Arquivo da editora

UNIDADE 4

MUITA DIVERSÃO

Biry Sarkis/Arquivo da editora

O QUE AS PESSOAS FAZEM PARA SE DIVERTIR?

A BRINCADEIRA DA TURMA

OBSERVE A CENA.

Ilustrações: Biry Sarkis/ Arquivo da editora

- NESSA CENA, HÁ QUANTAS CRIANÇAS?
- QUANTAS BOLAS?
- E QUANTOS CACHORROS?

BOLAS GRANDES E BOLAS PEQUENAS

GUI GANHOU BOLAS DE VÁRIOS TAMANHOS.

• ACOMPANHE A LEITURA QUE O PROFESSOR VAI FAZER DO POEMA.

BOLA

BOLA, BOLA
ROLA, ROLA
NA TERRA, NA GRAMA
NA QUADRA, NA CAMA
ATÉ NO TAPETE
DA SALA

DEPOIS DA ESCOLA
UM JOGO DE BOLA
DESCANSA A CACHOLA.
[...]

BRINCRIAR, DE DILAN CAMARGO.
PORTO ALEGRE: PROJETO, 2008. P. 17.

Biry Sarkis/Arquivo da editora

• LIGUE AS BOLAS QUE TÊM O MESMO TAMANHO.

• MARQUE ✕ NA BOLA QUE TEM TAMANHO DIFERENTE DAS OUTRAS E RESPONDA: ELA É MAIOR OU MENOR DO QUE AS OUTRAS?

VAMOS DESENHAR E PINTAR?

- DESENHE DUAS BOLAS DE TAMANHOS DIFERENTES.
- PINTE A BOLA MAIOR COM A COR **AZUL**.
- PINTE A BOLA MENOR COM A COR **VERMELHA**.

A GALINHA DO VIZINHO

A TURMA DE GUI GOSTA DE CANTAR E DESENHAR! E VOCÊ?

- VAMOS DESENHAR OVOS?

A GALINHA DO VIZINHO
BOTA OVO AMARELINHO

BOTA **UM**
1

BOTA **DOIS**
2

BOTA **TRÊS**
3

TRECHO DE **CANTIGA POPULAR**.

Biry Sarkis/Arquivo da editora

JOGO DE DADOS

IVO E GUI ESTÃO JOGANDO DADOS.

Biry Sarkis/Arquivo da editora

- QUANTOS PONTOS IVO FEZ? ☐
- E GUI, QUANTOS PONTOS FEZ? ☐
- QUEM FEZ MAIS PONTOS NESSA JOGADA? MARQUE ✕ NA CRIANÇA QUE MAIS PONTUOU.

BRINQUEDOS DE IVO

ESTES BRINQUEDOS SÃO DE IVO.

Ilustrações: Bry Sarkis/Arquivo da editora

- PINTE UM RETÂNGULO AO LADO PARA REPRESENTAR CADA DISCO VOADOR.
- QUANTOS DISCOS VOADORES IVO TEM? ☐
- PINTE UM RETÂNGULO AO LADO PARA REPRESENTAR CADA FOGUETE.
- QUANTOS FOGUETES IVO TEM? ☐

ESCONDE-ESCONDE

HOJE, NO RECREIO, A TURMA BRINCOU DE ESCONDE-ESCONDE.

- ENCONTRE ONDE CADA UM DELES ESTÁ ESCONDIDO.

- QUEM ESTÁ AO LADO DA ÁRVORE?
- QUEM ESTÁ DENTRO DA CASA DE MADEIRA?
- QUEM ESTÁ EMBAIXO DO BANCO DE MADEIRA?
- QUEM ESTÁ EMBAIXO DO ESCORREGADOR?

SEGUIDINHAS

BIA GOSTA DE DESENHAR SEGUIDINHAS.
VEJA COMO ELA COMEÇOU ESTAS SEGUIDINHAS:

Ilustrações: Banco de imagens/ Arquivo da editora

• CONTINUE DESENHANDO DA MESMA MANEIRA QUE BIA DESENHOU.

SEGUIDINHAS DE CORES

RAFAEL TAMBÉM GOSTA DE FORMAR SEGUIDINHAS. VEJA COMO ELE COMEÇOU ESTAS SEGUIDINHAS USANDO ADESIVOS.

Ilustrações: Biry Sarkis/Arquivo da editora

- DESCUBRA COMO COMEÇOU CADA SEGUIDINHA.
- CONTORNE A FIGURINHA DE CADA QUADRO QUE CORRESPONDE AO PRÓXIMO ELEMENTO DE CADA SEGUIDINHA.

SEGUIDINHAS DE FIGURAS

GUI DESENHOU SEGUIDINHAS DE FIGURAS.
OBSERVE O FORMATO E A COR QUE ELE USOU EM CADA UMA DELAS.

- CONTORNE A FIGURA DE CADA QUADRO QUE COMPLETA CADA SEGUIDINHA. DEPOIS, PINTE CADA FIGURA COM A COR CORRESPONDENTE.

BRINCADEIRA COM TRENZINHOS

BIA E CLARA ESTÃO BRINCANDO E CANTANDO.
VOCÊ JÁ BRINCOU DE TREM DE FERRO?

- CANTE E BRINQUE COM UM COLEGA.

O TREM DE FERRO

O TREM DE FERRO QUANDO SAI DE PERNAMBUCO
VAI FAZENDO TCHUCO-TCHUCO
ATÉ CHEGAR NO CEARÁ.
O TREM DE FERRO QUANDO SAI DE PERNAMBUCO
VAI FAZENDO TCHUCO-TCHUCO
COM VONTADE DE PARAR.

CANTIGA POPULAR.

Ilustrações: Biry Sarkis/ Arquivo da editora

- PINTE O TRENZINHO MAIS COMPRIDO DE **AZUL**.
- PINTE O TRENZINHO MAIS CURTO DE **VERMELHO**.

BRINQUEDO FAVORITO

A PROFESSORA PERGUNTOU AOS ALUNOS QUAL BRINQUEDO ELES PREFERIAM: PETECA OU BOLA. AS RESPOSTAS FORAM MARCADAS NOS QUADRINHOS DE CADA LINHA ABAIXO. CADA QUADRINHO COLORIDO REPRESENTA UM VOTO. OBSERVE:

Ilustrações: Biry Sarkis/ Arquivo da editora

- QUANTOS VOTOS TEVE A PETECA? ☐ E A BOLA? ☐
- QUANTAS CRIANÇAS VOTARAM? ☐
- CONTORNE O BRINQUEDO QUE FOI MENOS VOTADO.

FOGUETE GEOMÉTRICO

MATERIAL DE APOIO

REGRAS

1. EM DUPLA, DESTAQUE AS FIGURAS E O DADO DA **PÁGINA 13**.
2. CADA PARTICIPANTE FICA COM O LIVRO, AS FIGURAS E O DADO SOBRE A MESA.
3. PARA DECIDIR QUEM COMEÇA, CADA PARTICIPANTE ESCOLHE UMA FIGURA GEOMÉTRICA E JOGA O DADO. COMEÇA QUEM ESCOLHEU A FIGURA GEOMÉTRICA QUE SAIU NO DADO.
4. O PARTICIPANTE LANÇA O DADO E ENCAIXA NO FOGUETE A PEÇA IGUAL À FIGURA GEOMÉTRICA QUE SAIU NO DADO. EM SEGUIDA, O COLEGA FAZ O MESMO.
5. CASO TODAS AS PEÇAS IGUAIS À FIGURA GEOMÉTRICA QUE SAIU NO DADO JÁ TIVEREM SIDO USADAS, O PARTICIPANTE PASSA A VEZ.
6. GANHA O JOGO QUEM COMPLETAR PRIMEIRO O FOGUETE COM AS PEÇAS.

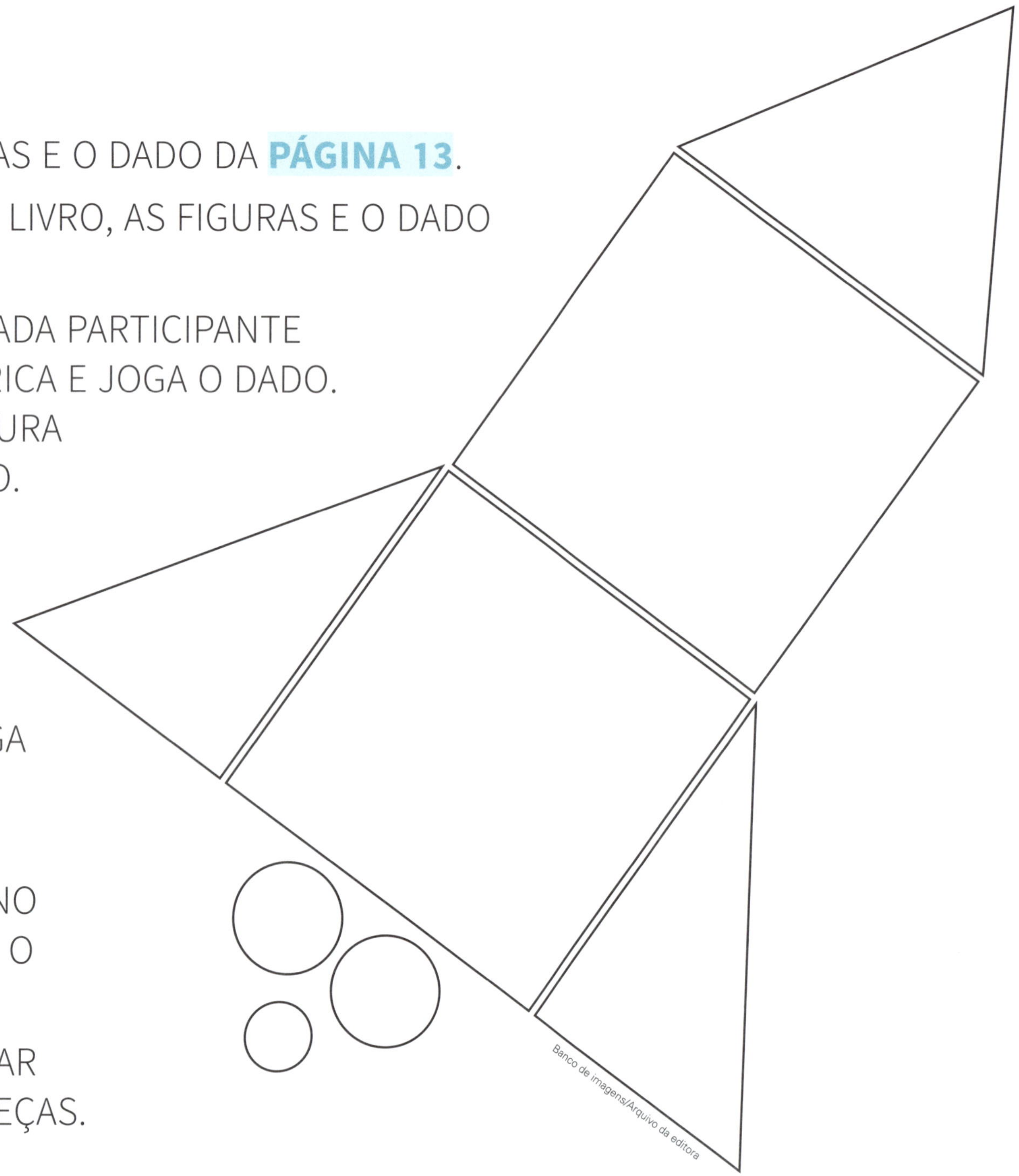

Banco de imagens/Arquivo da editora

CÍRCULO

VISITAR MUSEUS É MUITO LEGAL, PORQUE VEMOS VÁRIAS OBRAS DE ARTE, COMO QUADROS. UM ARTISTA CHAMADO KANDINSKY PINTOU ESTE QUADRO.

VÁRIOS CÍRCULOS, DE KANDINSKY, 1926.

- QUAL É O FORMATO DAS FIGURAS QUE O ARTISTA USOU?
- QUE TAL FAZER UMA OBRA DE ARTE COMO ESSA? UTILIZE TINTA GUACHE OU TINTA PARA PINTURA A DEDO E DIVIRTA-SE!

SUGESTÃO DE LIVRO

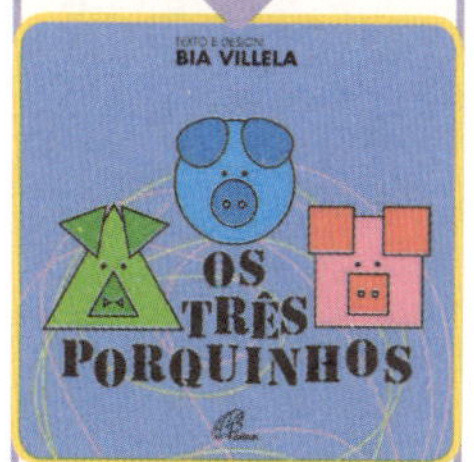

OS TRÊS PORQUINHOS, DE BIA VILLELA. SÃO PAULO: PAULINAS, 2006.

BRINCANDO COM PALITOS

IVO GOSTA DE BRINCAR COM PALITOS. VEJA AS TRÊS FIGURAS QUE ELE FEZ.

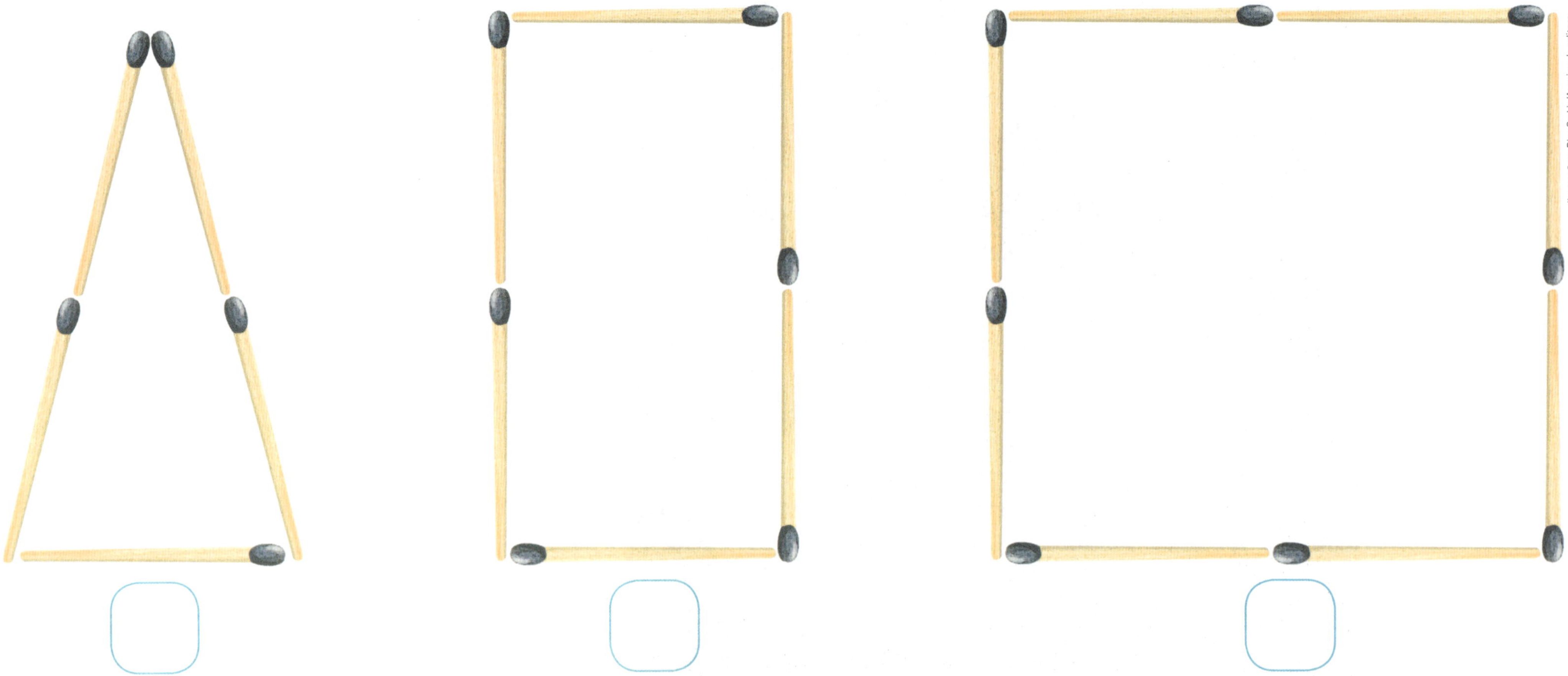

Ilustrações: Biry Sarkis/Arquivo da editora

- ESCREVA NOS QUADRINHOS QUANTOS PALITOS ELE USOU EM CADA FIGURA.
- QUAL É O NOME DE CADA FIGURA FORMADA?

O QUE VEM DEPOIS DO 8?

• CONTE QUANTOS PATINHOS HÁ NO LAGO.

Ilustrações: Biry Sarkis/Arquivo da editora

CHEGOU MAIS UM...

• QUANTOS SÃO AGORA?

DEPOIS DO **8** VEM O **9** (**NOVE**).

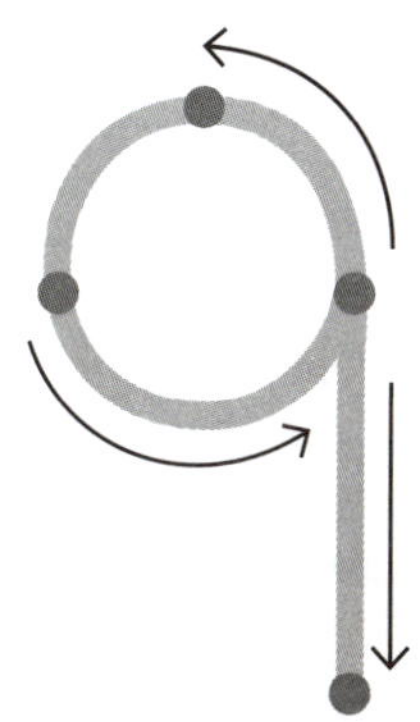

NOVE

AS QUANTIDADES 6, 7, 8 E 9

- EM CADA QUADRO DESENHE SEUS BRINQUEDOS FAVORITOS DE ACORDO COM AS QUANTIDADES INDICADAS PELOS NÚMEROS.

6	7
8	9

Ilustrações: Biry Sarkis/Arquivo da editora

LIGUE OS PONTOS

- LIGUE OS PONTOS SEGUINDO A SEQUÊNCIA DE **1** ATÉ **9**.

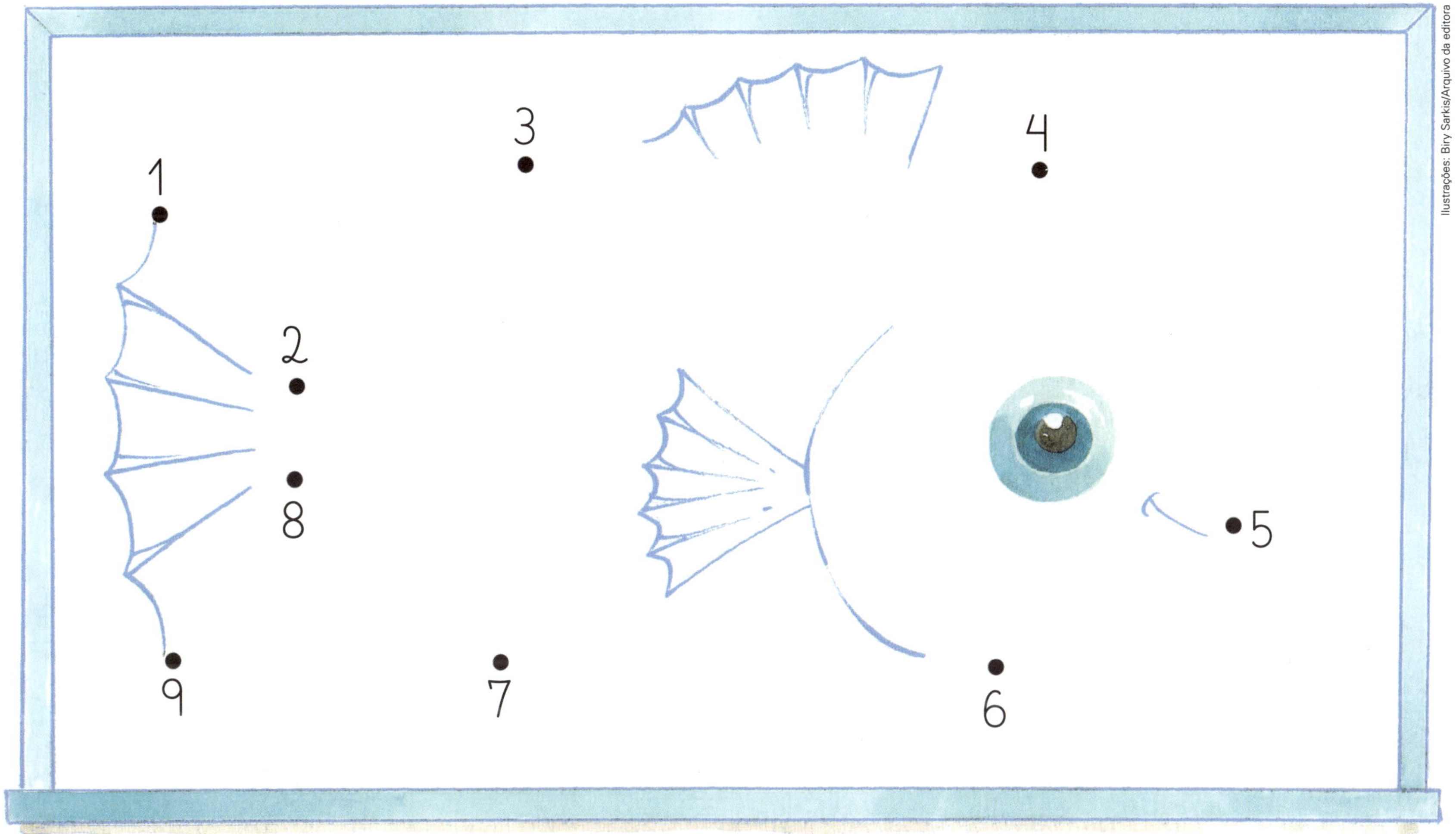

Ilustrações: Biry Sarkis/Arquivo da editora

JÁ CONTAMOS ATÉ 9. COM MAIS 1, CHEGAMOS AO 10!

OBSERVE AS IMAGENS.

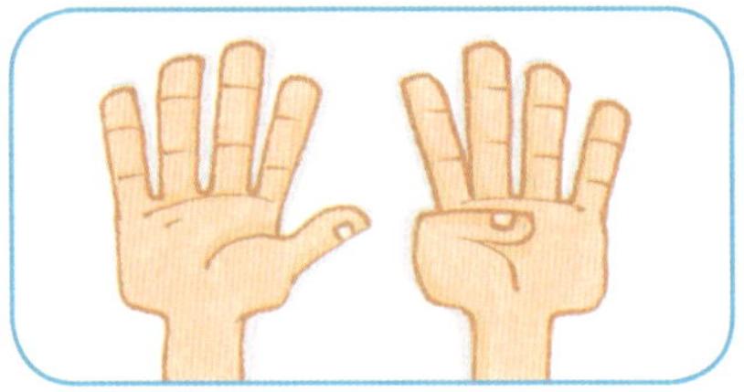

9

COM MAIS UM

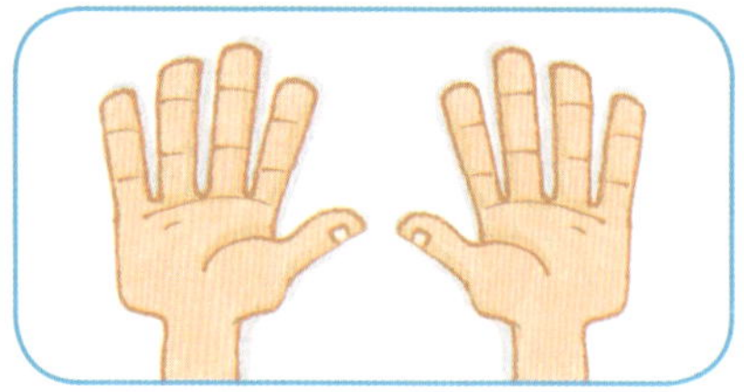

10

Ilustrações: Biry Sarkis/ Arquivo da editora

- AGORA, CONTE QUANTAS BOLINHAS HÁ EM CADA QUADRO.
- LEIA OS NÚMEROS COM OS COLEGAS.
- MARQUE ✕ NO QUADRO COM **10** BOLINHAS.

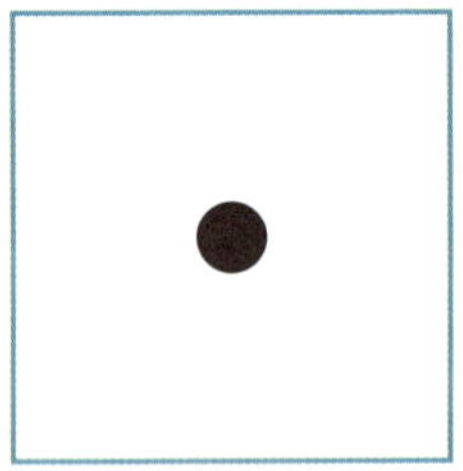

1

2

3

4

5

6

7

8

9

10

9 NOVE, 10 DEZ

VAMOS DESCOBRIR QUANTOS BRINQUEDOS HÁ EM CADA GRUPO?

- CONTE OS BRINQUEDOS E MOSTRE A QUANTIDADE COM OS DEDOS.
- DEPOIS, CUBRA OS NÚMEROS SEGUINDO AS SETAS.

Ilustrações: Biry Sarkis/ Arquivo da editora

9

NOVE

10

DEZ

1 2 3 4 5 6 7 8 9 10

VAMOS CONTAR DEDOS?

BRINQUE COM UM COLEGA:

- PRIMEIRO VOCÊ MOSTRA DE **1** A **10** DEDOS E O COLEGA DIZ QUANTOS SÃO.
- DEPOIS, O COLEGA MOSTRA DE **1** A **10** DEDOS E VOCÊ DIZ QUANTOS SÃO.

Ilustrações: Biry Sarkis/Arquivo da editora

- AGORA, RESPONDA: QUANTOS DEDOS ESTÃO LEVANTADOS EM CADA CASO? CONTE E ESCREVA O NÚMERO NO QUADRINHO.

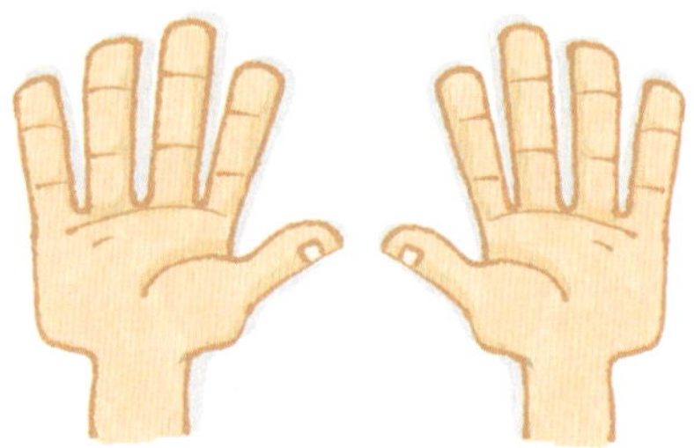

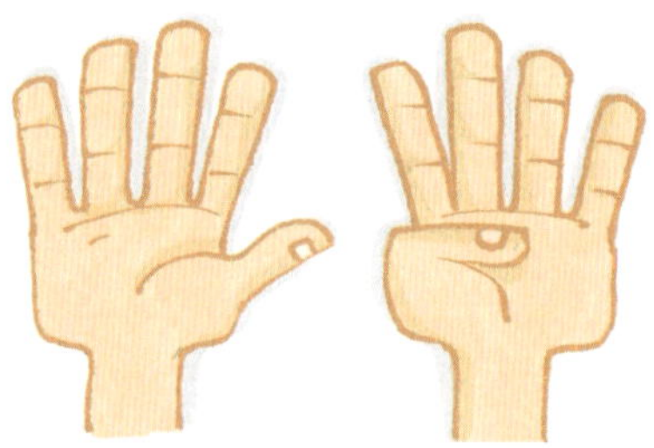

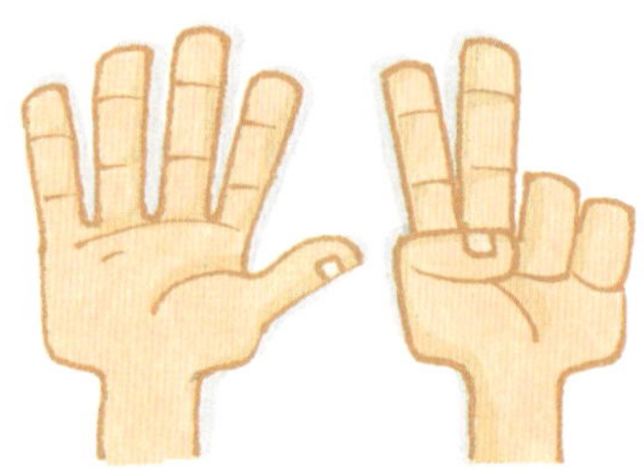

PARA CADA NÚMERO, UMA QUANTIDADE

- DESENHE O QUE QUISER. A QUANTIDADE ESTÁ INDICADA PELOS NÚMEROS.

5

10

- ESCREVA NO QUADRINHO O NÚMERO QUE INDICA A QUANTIDADE DE CRIANÇAS EM CADA RODA.

Biry Sarkis/Arquivo da editora

NÚMEROS 1 A 10

• LIGUE CADA BALÃO A UMA ARGOLINHA DO BLOCO DE MONTAR.

Biry Sarkis/Arquivo da editora

• QUAL É A QUANTIDADE TOTAL DE BALÕES?

BRINCANDO NA PRAIA

CLARA FOI À PRAIA COM OS PAIS E VIU MUITAS CONCHINHAS NA AREIA.

Ilustrações: Biry Sarkis/Arquivo da editora

- OBSERVE O QUADRO DE CONCHAS E RESPONDA.

- QUANTAS  ?
- QUANTAS  ?
- QUANTAS  ?
- QUANTAS  ?

O ROBÔ NONÔ

IVO GOSTA DE BRINCAR COM O ROBÔ NONÔ, QUE É FORMADO POR VÁRIOS TIPOS DE FIGURA:

- QUANTAS FIGURAS DE CADA TIPO APARECEM NO ROBÔ? PINTE OS QUADRINHOS ABAIXO DE MODO QUE CADA UM REPRESENTE UM TIPO DE FIGURA. O ☐ JÁ ESTÁ FEITO!

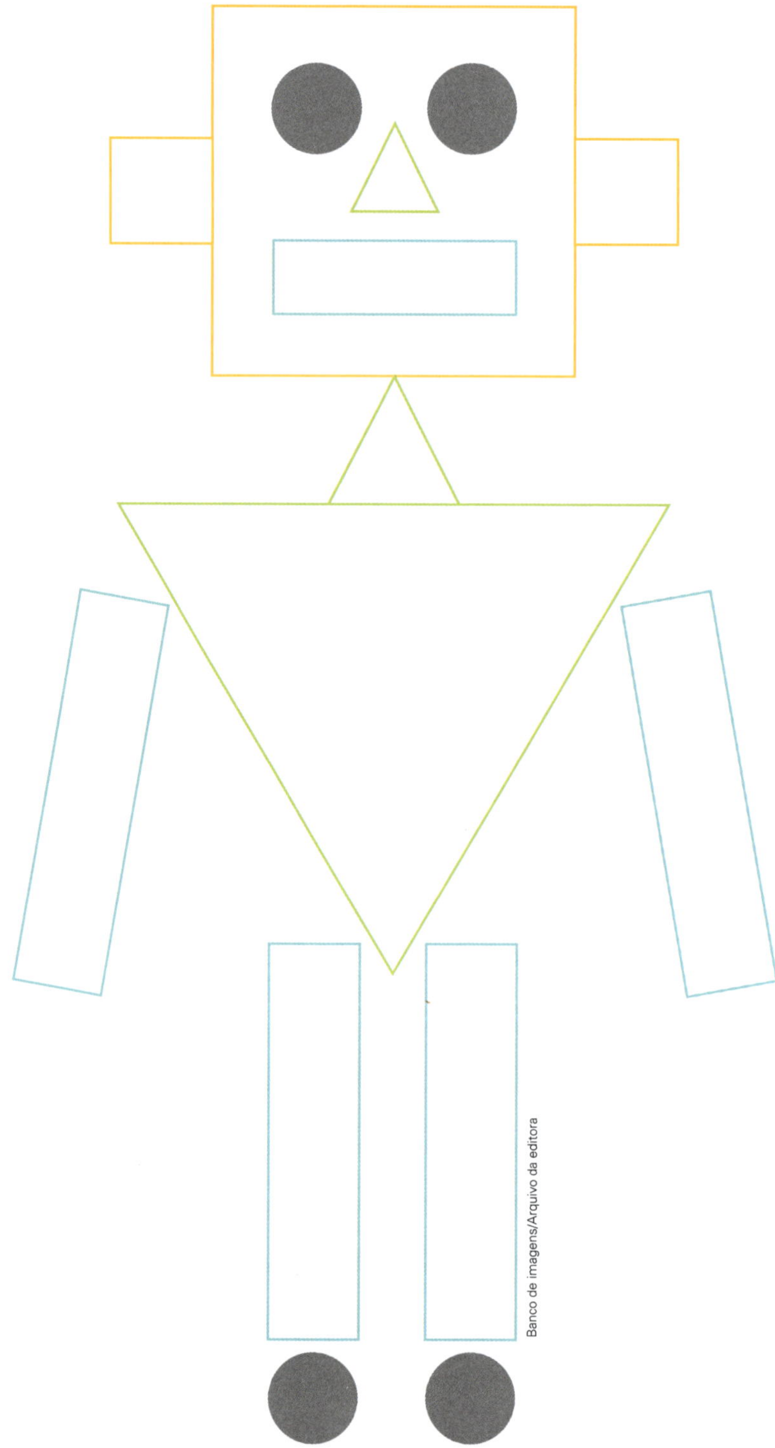

Banco de imagens/Arquivo da editora

CONTAR, PENSAR E LIGAR

• LIGUE CADA QUANTIDADE AO NÚMERO CORRESPONDENTE.

3

7

5

8

10

6

4

9

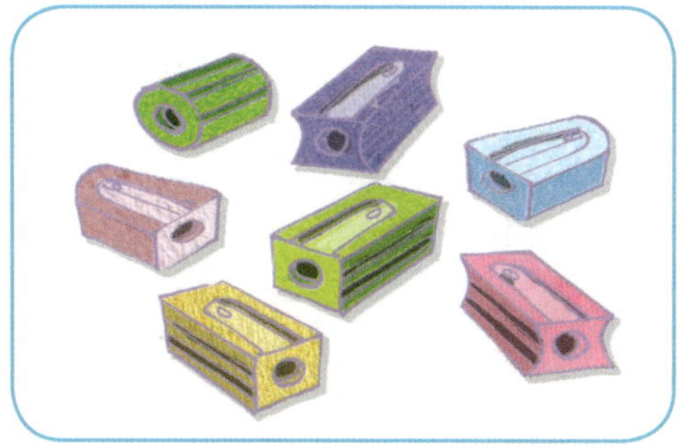

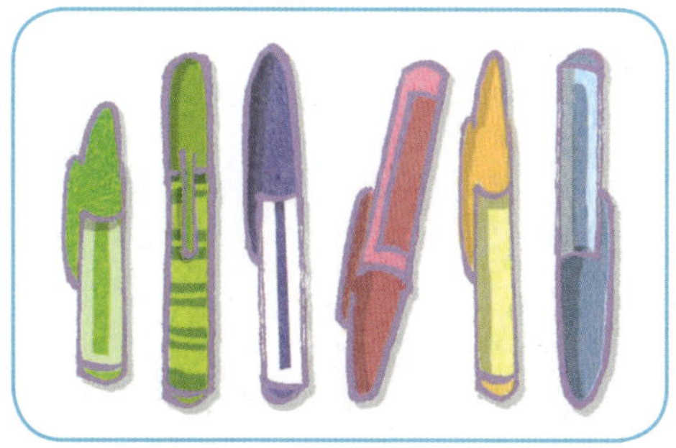

Ilustrações: Biry Sarkis/Arquivo da editora

NÚMEROS 6 A 10

EM CADA CASO, MARQUE ✕ NA RESPOSTA CORRETA.

- QUANTOS PRATOS O MALABARISTA ESTÁ SEGURANDO?

6 7 8

9 10

- QUANTOS BALÕES PODEMOS CONTAR?

Ilustrações: Biry Sarkis/ Arquivo da editora

6 7 8

9 10

DIVERSÃO FAVORITA

A PROFESSORA DE CLARA PERGUNTOU AOS ALUNOS QUAL DIVERSÃO ELES PREFERIAM. ELES PODIAM ESCOLHER ENTRE **3** OPÇÕES. AS RESPOSTAS FORAM ORGANIZADAS NOS QUADRINHOS A SEGUIR.

Bildagentur Zoonar GmbH/Shutterstock

JOGAR BOLA

VOTOS

Ruslan Harutyunov/Shutterstock

ASSISTIR TELEVISÃO

VOTOS

LungLee/Shutterstock

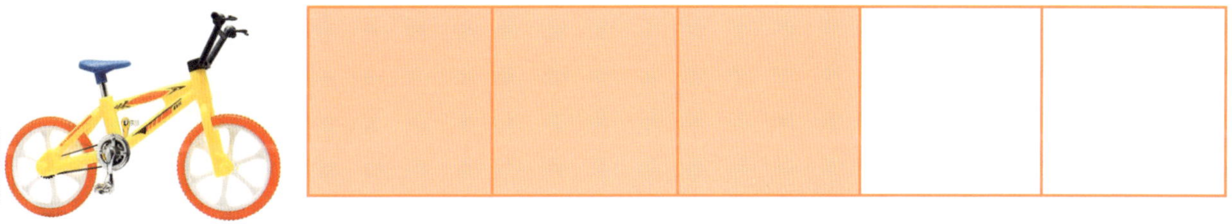

ANDAR DE BICICLETA

VOTOS

- CADA QUADRINHO COLORIDO REPRESENTA UM VOTO. ESCREVA O NÚMERO QUE INDICA QUANTOS VOTOS TEVE CADA OPÇÃO.
- QUANTOS ALUNOS PARTICIPARAM DESSA PESQUISA? CONTE TODOS OS QUADRINHOS PINTADOS PARA DESCOBRIR!

PERCURSO DOS AMIGOS DE GUI

MATERIAL DE APOIO

REGRAS

1. UTILIZE O TABULEIRO DA **PÁGINA 15**.
2. CADA PARTICIPANTE JOGA O DADO UMA VEZ E QUEM TIRAR O MAIOR NÚMERO INICIA O JOGO.
3. CADA UM JOGA O DADO NA SUA VEZ E AVANÇA COM O MARCADOR A QUANTIDADE DE CASAS QUE O DADO INDICAR.
4. O PARTICIPANTE QUE CHEGAR PRIMEIRO AO PARQUINHO GANHA O JOGO.

COMO MONTAR SEU MARCADOR

PARA ESTE JOGO, VOCÊ PRECISA MONTAR SEU MARCADOR.

DESENHE EM UMA ETIQUETA A CARINHA DE SEU PERSONAGEM PREFERIDO DA TURMA DE GUI.

DESTAQUE E COLE A ETIQUETA EM UMA TAMPINHA DE GARRAFA.

DEPOIS, É SÓ JOGAR!

Ilustrações: Biry Sarkis/Arquivo da editora

MATERIAL DE APOIO

VAMOS COLAR?

IMAGENS PARA A ATIVIDADE DA **PÁGINA 14** DO LIVRO.

Ilustrações: Biry Sarkis/Arquivo da editora

HORA DO JOGO E DA BRINCADEIRA – 3, 2, 1

FICHAS PARA A ATIVIDADE DA **PÁGINA 32** DO LIVRO.

2	3
2	3
1	3
1	3
1	2
1	2

HORA DO JOGO E DA BRINCADEIRA – CORES E PRESENTES

TABULEIRO PARA A ATIVIDADE DA **PÁGINA 40** DO LIVRO.

Biry Sarkis/Arquivo da editora

HORA DO JOGO E DA BRINCADEIRA – JOGO DA MEMÓRIA

CARTAS PARA A ATIVIDADE DA **PÁGINA 47** DO LIVRO.

Ilustrações: Biry Sarkis/Arquivo da editora

QUADRADO

FIGURA PARA A ATIVIDADE DA **PÁGINA 54** DO LIVRO.

HORA DO JOGO E DA BRINCADEIRA – DOMINÓ

PEÇAS PARA A ATIVIDADE DA **PÁGINA 66** DO LIVRO.

HORA DO JOGO E DA BRINCADEIRA – SEGUIDINHA NA TRILHA

PEÇAS PARA A ATIVIDADE DA **PÁGINA 90** DO LIVRO.

Ilustrações: Biry Sarkis/Arquivo da editora

HORA DO JOGO E DA BRINCADEIRA – FOGUETE GEOMÉTRICO

FIGURAS E DADO PARA A ATIVIDADE DA **PÁGINA 120** DO LIVRO.

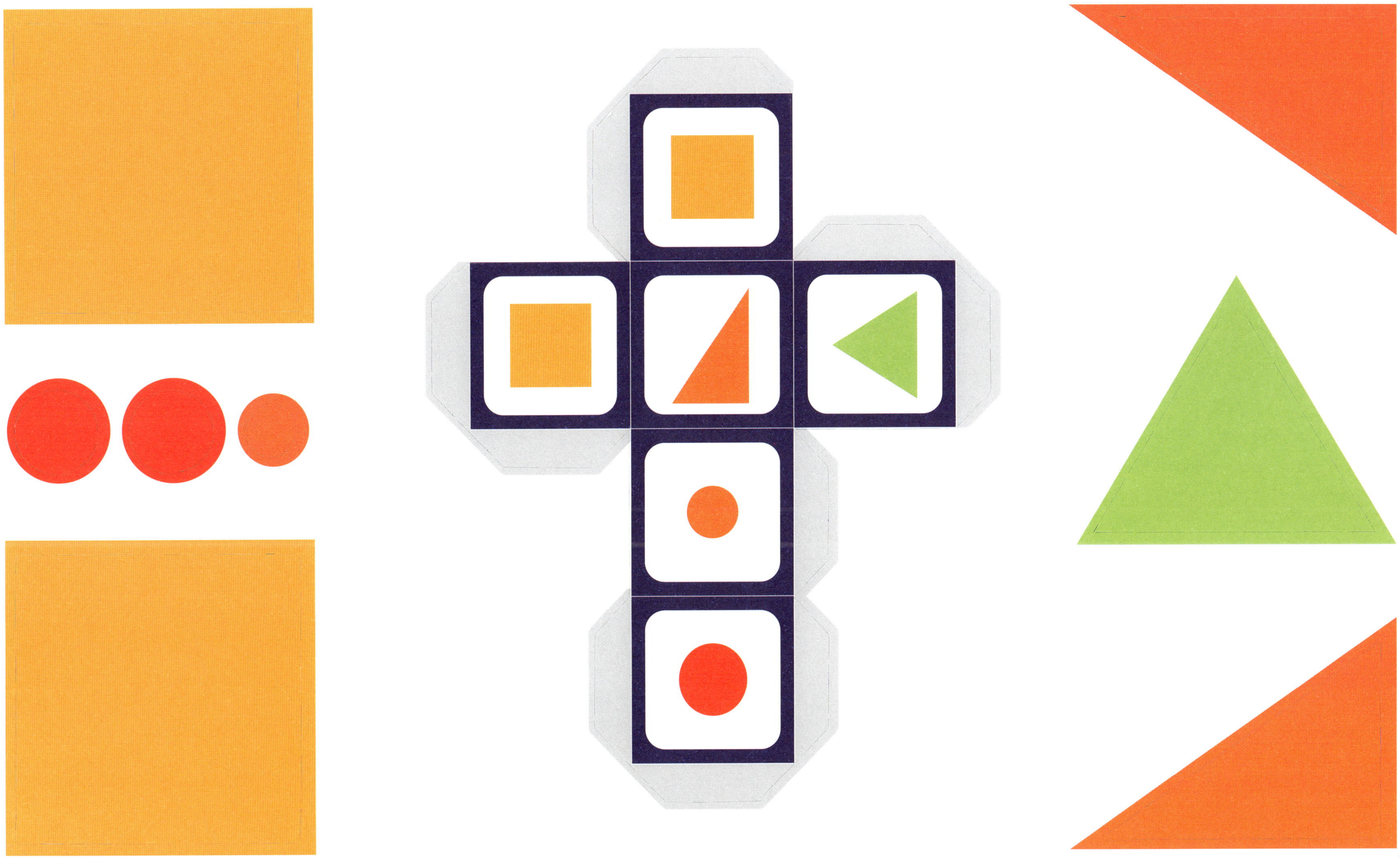

HORA DO JOGO E DA BRINCADEIRA – PERCURSO DOS AMIGOS DE GUI

TABULEIRO PARA A ATIVIDADE DA **PÁGINA 136** DO LIVRO.